博士论丛

冯

光电化学水分解硅光阳极的表面与界面调控研究

Surface and Interface Engineering of Silicon
Photoanode for Photoelectrochemical Water Splitting

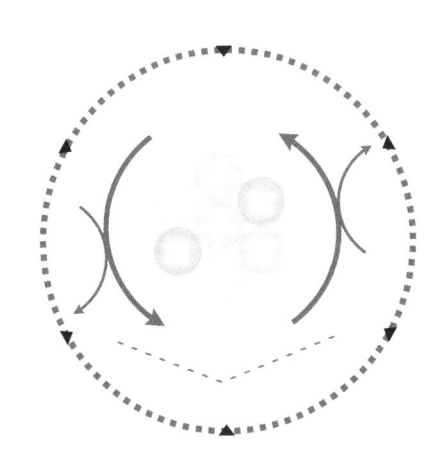

电子科技大学出版社
University of Electronic Science and Technology of China Press

·成都·

图书在版编目(CIP)数据

光电化学水分解硅光阳极的表面与界面调控研究 / 冯超，李严波著. -- 成都：成都电子科大出版社，2025.3. -- ISBN 978-7-5770-1543-9

Ⅰ.O436

中国国家版本馆CIP数据核字第2025N7J337号

光电化学水分解硅光阳极的表面与界面调控研究
GUANGDIAN HUAXUE SHUIFENJIE GUIGUANG YANGJI DE BIAOMIAN YU JIEMIAN TIAOKONG YANJIU

冯　超　李严波　著

出 品 人	田　江
策划统筹	杜　倩
策划编辑	杨梦婷
责任编辑	杨梦婷
责任设计	李　倩　杨梦婷
责任校对	刘亚莉
责任印制	梁　硕

出版发行　电子科技大学出版社
　　　　　成都市一环路东一段159号电子信息产业大厦九楼　邮编　610051
主　　页　www.uestcp.com.cn
服务电话　028-83203399
邮购电话　028-83201495

印　　刷	成都久之印刷有限公司
成品尺寸	170 mm×240 mm
印　　张	10.5
字　　数	200千字
版　　次	2025年3月第1版
印　　次	2025年3月第1次印刷
书　　号	ISBN 978-7-5770-1543-9
定　　价	68.00元

版权所有，侵权必究

序
FOREWORD

当前，我们正置身于一个前所未有的变革时代，新一轮科技革命和产业变革深入发展，科技的迅猛发展如同破晓的曙光，照亮了人类前行的道路。科技创新已经成为国际战略博弈的主要战场。习近平总书记深刻指出："加快实现高水平科技自立自强，是推动高质量发展的必由之路。"这一重要论断，不仅为我国科技事业发展指明了方向，也激励着每一位科技工作者勇攀高峰、不断前行。

博士研究生教育是国民教育的最高层次，在人才培养和科学研究中发挥着举足轻重的作用，是国家科技创新体系的重要支撑。博士研究生是学科建设和发展的生力军，他们通过深入研究和探索，不断推动学科理论和技术进步。博士论文则是博士学术水平的重要标志性成果，反映了博士研究生的培养水平，具有显著的创新性和前沿性。

由电子科技大学出版社推出的"博士论丛"图书，汇集多学科精英之作，其中《基于时间反演电磁成像的无源互调源定位方法研究》等28篇佳作荣获中国电子学会、中国光学工程学会、中国仪器仪表学会等国家级学会以及电子科技大学的优秀博士论文的殊誉。这些著作理论创新与实践突破并重，微观探秘与宏观解析交织，不仅拓宽了认知边界，也为相关科学技术难题提供了新解。"博士论丛"的出版必将促进优秀学术成果的传播与交流，为创新型人才的培养提供支撑，进一步推动博士教育迈向新高。

青年是国家的未来和民族的希望,青年科技工作者是科技创新的生力军和中坚力量。我也是从一名青年科技工作者成长起来的,希望"博士论丛"的青年学者们再接再厉。我愿此论丛成为青年学者心中之光,照亮科研之路,激励后辈勇攀高峰,为加快建成科技强国贡献力量!

中国工程院院士

2024年12月

前　言
PREFACE

随着全球经济的持续增长，不断攀升的能源需求因传统化石燃料的不可再生特性及其引发的环境问题而面临严峻挑战。这一现状凸显了寻找清洁、可持续的能源替代品的紧迫性。利用人工光合作用将太阳能转化为可储存燃料是替代化石燃料的理想解决方案。其中，光电化学（photoelectrochemical，PEC）水分解技术备受瞩目，它利用半导体中的光激发电子和空穴来驱动析氢反应（hydrogen evolution reaction，HER）、析氧反应（oxygen evolution reaction，OER），进而实现太阳能向绿色氢能的直接转化。然而，开发高效且稳定的 PEC 水分解系统的核心问题，在于如何提高光电极的转换效率和长期稳定性。

单晶硅，作为市场上主流的半导体材料，在微电子和光伏领域有着广泛的应用。其太阳能电池展现出高饱和电流密度（约 $40\ mA\cdot cm^{-2}$）和高开路电压（约 $700\ mV$），光电转换效率更是超过 25%。此外，单晶硅还具备储量丰富、太阳光谱吸收范围广（E_g 约 $1.1\ eV$）、可大规模工业化生产等诸多优势，使其成为 PEC 水分解领域的有力候选材料。然而，在 PEC 水氧化过程中，n 型硅（n-Si）半导体因其能带位置不利于水氧化反应，且易在极端电解液环境中遭受腐蚀，从而表现出较小的光电压、较高的光电流起始电位以及较差的光电稳定性。

为了改善 n-Si 光阳极的这些不足，通常需要在其表面负载具有空穴提取作用的保护层和具有高催化活性的助催化剂层。但遗憾的是，表面助催化剂内在活性的不稳定性以及半导体光吸收层与提取层之间界面能量的不匹配，限制了 n-Si 光阳极在水分解中稳定性和效率的进一步提升。因此，提高n-Si光阳极性能的关键在于优化表面空穴提取层的提取效果、增强表面助催化剂的催化作用和稳定性，以及调控半导体光吸收层与提取层之间的界面能量。

围绕上述问题，本书的主要研究内容如下。

（1）为克服n-Si半导体在空穴提取和稳定性方面的内在局限性，通过电子束蒸发技术（E-beam evaporation，EB）在n-Si光阳极表面沉积了一层均匀、致密且晶格排列规则的NiO薄膜。该薄膜与n-Si之间形成了PN型异质结，导致n-Si半导体表面发生了有利于光生载流子分离和空穴提取的能带弯曲。同时，提取的空穴通过晶格有序排列的NiO层进行高效传输，这显著提升了空穴注入光阳极表面参与水氧化反应的效率。与反应溅射制备的NiO/n-Si光阳极相比（在1.23 V vs. RHE偏压下无光电流响应），本书通过电子束蒸发技术构建的NiO/n-Si光阳极，展现出了更优越的PEC活性（在1.23 V vs. RHE偏压下光电流密度为29.0 mA·cm^{-2}），并实现了长达60 h的饱和光电流密度稳定（尽管光电流起始电位发生了不可避免的正向偏移）。

（2）针对NiO/n-Si光阳极在稳定性测试中出现的饱和光电流稳定，但光电流起始电位增大所导致的PEC活性衰减问题，将NiO/n-Si光阳极与具有高内在催化活性、超长自修复稳定性、兼容光吸收体的合成路线、高光透过率，以及独特薄膜厚度自限性的NiCoFe-B$_i$助催化剂进行了有效耦合。这一策略不仅实现了长达100 h的PEC效率稳定，还将光电极半电池太阳能-氢能转换效率（half-cell solar-to-hydrogen efficiency，HC-STH）从1.54%提升至约2.00%。通过深入探究发现，NiO/n-Si光阳极PEC活性和稳定性的提升主要归因于NiCoFe-B$_i$助催化剂独特的自修复机制。为了进一步阐明这一机制，作者首次实现了在工况下水溶液中对Fe^{II}预沉积离子和Fe^{IV}活性中间体的直接探测，并对提升NiO/n-Si光阳极稳定性和活性的自修复机制进行了完善和解释。具体而言，NiO/n-Si光电极的稳定性提升主要归功于Co对Fe^{II}离子的氧化沉积过程，而其活性的提升则依赖于高价态Fe^{IV}物种的生成。

（3）为了实现 PEC 活性和稳定性的进一步提升，通过引入 Cu_xO 中间层对 NiO/n-Si 异质结的界面能量进行优化。利用先进的硬 X 射线光电子能谱（hard X-ray photoelectron spectroscopy，HAXPES）技术对插入 NiO/n-Si 掩埋界面中的 Cu_xO 界面层进行了直接探测。结果显示，长期在空气中暴露后，Cu_xO 中间层发生了从 Cu_2O 到 CuO 的原位转变。这一转变与 NiCoFe-B$_i$/NiO/Cu_xO/n-Si 光阳极的 PEC 活性逐渐提升的趋势密切相关。进一步的研究表明，由于 Cu_xO 中间层的引入和原位转化，在 NiO/n-Si 异质结中产生了更高的能带弯曲势垒，从而在光照条件下显著提升了光电压。基于这一重要发现，作者进一步开发了一种反应电子束蒸发沉积技术，用于直接沉积 CuO 中间层，并成功制备了高性能的 NiCoFe-B$_i$/NiO/CuO/n-Si 光阳极。该光阳极的 HC-STH 效率达到了创纪录的 4.56%，并保持了长达 100 h 的效率稳定，为高效且稳定的太阳能水分解技术的开发提供了重要支撑。

为了表达的准确性，同时考虑受众的阅读习惯，本书中的图片保留了原文献中的英文表达。

本书全彩高清图片扫描以下二维码即可获得。

冯　超

2025 年 2 月

目录

- 第一章　绪论　　　　　　　　　　　　　　　　　1
  - 1.1　研究背景　　　　　　　　　　　　　　　1
  - 1.2　太阳光驱动水分解制氢技术　　　　　　　3
    - 1.2.1　太阳光驱动水分解的基本类型　　　4
    - 1.2.2　PEC水分解的基本原理　　　　　　10
    - 1.2.3　PEC水分解的基本参数　　　　　　24
  - 1.3　硅光阳极材料的研究进展　　　　　　　25
    - 1.3.1　硅半导体的基本性质　　　　　　　27
    - 1.3.2　硅光阳极的性能研究　　　　　　　29
    - 1.3.3　硅光阳极的稳定性研究　　　　　　36
  - 1.4　本书的主要研究内容　　　　　　　　　42

- 第二章　实验部分　　　　　　　　　　　　　　45
  - 2.1　实验药品和实验仪器　　　　　　　　　45
    - 2.1.1　实验药品　　　　　　　　　　　　45
    - 2.1.2　实验仪器　　　　　　　　　　　　48
  - 2.2　样品的制备　　　　　　　　　　　　　49
    - 2.2.1　硅光阳极的制备　　　　　　　　　49
    - 2.2.2　FTO电极的制备　　　　　　　　　49
    - 2.2.3　金电极的制备　　　　　　　　　　50
    - 2.2.4　NiFe-B$_i$和NiCoFe-B$_i$催化剂的电化学沉积　　50
    - 2.2.5　NiCoFe-B$_i$助催化剂的光辅助电化学沉积　　51
  - 2.3　样品的表征　　　　　　　　　　　　　52
    - 2.3.1　形貌表征　　　　　　　　　　　　52
    - 2.3.2　光电化学表征　　　　　　　　　　52
    - 2.3.3　电化学表征　　　　　　　　　　　54

2.3.4　光谱和能谱学表征　　　　　　　　　　　　　　　　56
　2.4　用比色法测定电解液中的Fe^{II}浓度　　　　　　　　　　　57
　　　2.4.1　试剂的配置和纯化　　　　　　　　　　　　　　　　57
　　　2.4.2　电解液中Fe^{II}和Fe^{III}浓度的标准曲线测定　　　　　　57
　　　2.4.3　在水氧化反应中测定电解液中的Fe^{II}浓度　　　　　59

第三章　硅光阳极表面NiO空穴提取层的研究　　　　　　　61

　3.1　引言　　　　　　　　　　　　　　　　　　　　　　　　61
　3.2　电子束蒸发技术构建的NiO/n-Si光阳极的PEC水分解研究　63
　　　3.2.1　NiO/n-Si光阳极的形貌及成分表征　　　　　　　　63
　　　3.2.2　NiO/n-Si光阳极的能带结构分析　　　　　　　　　65
　　　3.2.3　NiO/n-Si光阳极的PEC水分解性能　　　　　　　　67
　3.3　本章小结　　　　　　　　　　　　　　　　　　　　　　71

第四章　硅光阳极表面NiCoFe-B$_i$助催化剂的研究　　　　　72

　4.1　引言　　　　　　　　　　　　　　　　　　　　　　　　72
　4.2　NiCoFe-B$_i$助催化剂提升NiO/n-Si光阳极的效率和稳定性　75
　　　4.2.1　NiCoFe-B$_i$催化剂在PEC水分解领域的应用潜力　　75
　　　4.2.2　NiCoFe-B$_i$/NiO/n-Si光阳极的PEC水分解性能　　　80
　4.3　NiCoFe-B$_i$助催化剂提升光阳极高效稳定的内在机制　　85
　　　4.3.1　实现光阳极高效稳定的自修复机制　　　　　　　　85
　　　4.3.2　溶液中Fe^{II}预沉积离子的探测　　　　　　　　　　88
　　　4.3.3　溶液中高价态Fe^{VI}活性中心的探测　　　　　　　　90
　4.4　本章小结　　　　　　　　　　　　　　　　　　　　　　96

- **第五章　硅光阳极中 Cu_xO 界面层的研究**　　98
  - 5.1　引言　　98
  - 5.2　Cu_xO 中间层引入对 NiCoFe-B$_i$/NiO/n-Si 光阳极的影响　　100
    - 5.2.1　NiCoFe-B$_i$/NiO/Cu_xO/n-Si 光阳极的形貌表征　　100
    - 5.2.2　NiCoFe-B$_i$/NiO/Cu_xO/n-Si 光阳极的 PEC 活性变化　　101
    - 5.2.3　Cu_xO 中间层原位转变的光电子能谱表征　　106
    - 5.2.4　Cu_xO 中间层原位转变的电化学表征　　114
    - 5.2.5　CuO 中间层的反应电子束蒸发沉积　　122
  - 5.3　本章小结　　129

- **第六章　总结、创新点与展望**　　130
  - 6.1　研究总结　　130
  - 6.2　主要创新点　　131
  - 6.3　研究展望　　132

- **参考文献**　　134

第一章

绪　论

1.1 研究背景

　　能源作为人类文明进步的驱动力，为社会经济的持续发展提供了必要的支撑。然而，随着全球人口和能源消费的持续增长，能源安全问题日益凸显。长期以来，全球能源体系高度依赖煤炭、石油、天然气等传统化石燃料。据国际能源署（international energy agency，IEA）2023年的数据显示，传统化石燃料在全球能源供应中的占比长期维持在80%左右[1]。由于资源分布不均、极端气候、地缘政治冲突、公共卫生灾害等多重因素的叠加影响，全球能源供需失衡问题愈发严重。过度开采和使用传统化石燃料不仅加剧了能源供应的不稳定性，还给地球环境带来了沉重负担。传统化石燃料的燃烧过程中产生了大量的二氧化碳（CO_2）、二氧化硫（SO_2）、氮氧化物（NO_x）、烟尘等有害物质，成为导致全球气候变暖和环境污染的主要原因。应对能源和环境的双重危机，迫切需要推动全球能源结构向清洁、可持续的方向转型。这一转型是确保本世纪末期全球气温升幅被限制在1.5 ℃以内的关键举措[2]。

　　在当前可利用的绿色可再生能源中，太阳能、风能、水能、生物质能及潮汐能等备受关注。其中，太阳能因其在地球能量来源中的主导地位，被视为人类未来能源发展的终极选择。地球大气层每年接收的太阳辐射能量约为 1.8×10^{14} kW，尽管部分能量被大气层散射或反射，但仍有约 1.08×10^{14} kW 的能量到达地球表面。这一数据相当于每年全球一次能源消耗总量的 7 500 多倍[3]。因此，有效捕获和利用太阳能是推动全球能源结构转型的关键所在。

在自然界中，植物通过光合作用将太阳能转化为化学能，为地球上的生命提供必要的物质和能量。然而，受限于植物系统中复杂的能量转换过程，自然光合作用的太阳能转换效率极低，最高不超过 2.5%[4]。受此启发，人工光合作用（artificial photosynthesis）应运而生，为实现更高效的太阳能转化、存储和利用提供了可能[5-7]。在人工光合作用中，水分解反应（water splitting）和二氧化碳还原反应（CO_2 reduction reaction，CO_2RR）是两条关键的反应路径。通过这些反应可以生产出氢气（H_2）、甲烷（CH_4）、甲醇（CH_3OH）等清洁燃料和高附加值化学品（图1-1）[8, 9]。

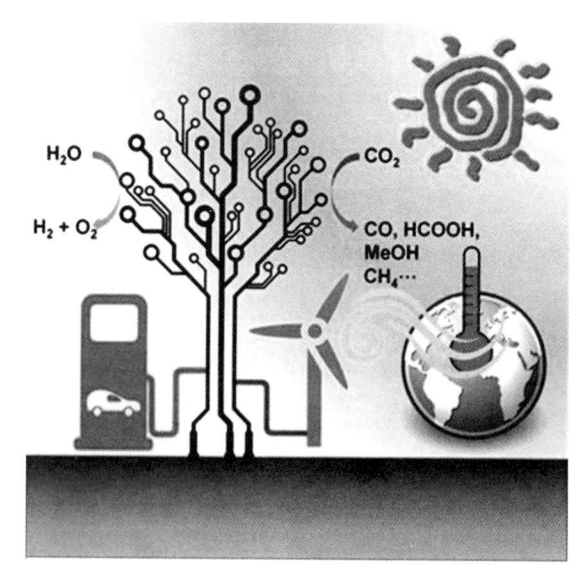

图1-1 人工光合作用的示意图[8]

相较于复杂的CO_2RR，水分解反应过程更为简单且副反应较少。作为主要产物的氢气（H_2），其质量能量密度高达 120 MJ·kg^{-1}，远超过同质量的传统燃料。更重要的是，水是氢燃料生产和使用过程中唯一原料和产物，可实现"零碳"排放的"紧密氢循环"，整个过程是绿色可持续的[10]。据国际可再生能源机构（international renewable energy agency，IRENA）估算，在将全球平均气温升幅限制在 1.5 ℃的情景下，到 2050 年氢气产量将达到 523 Mt，其中 94%将通过水分解获得。这意味着全球最终能源消耗的 14%可以通过氢气及其相关化合物来满足[11]。因此，利用人工光合作用将太阳能转化为绿色氢能源对于推动未来能源系统的清洁、高效和可持续发展具有至关重要的意义。

1.2 太阳光驱动水分解制氢技术

1972 年，日本东京大学的 A. Fujishima 和 K. Honda 两位教授首次观察到太阳光驱动水分解制氢的现象[12]。在由二氧化钛（TiO_2）光阳极和铂（Pt）阴极组成的光电化学电解池中，光阳极在紫外光的照射下光激发产生空穴，促使表面吸附的水分子氧化为氧气（O_2）。同时，光激发产生的电子传导到阴极表面，参与水的还原反应，进而产生 H_2。该现象成功地实现了太阳能到氢能的转换，开创了人工光合作用水分解研究的先河，并被称为"本多-藤岛效应"（Honda-Fujishima effect）。自此以后，这一化学领域的"圣杯"式课题便吸引了大量研究者进行广泛且深入的研究。

1.2.1 太阳光驱动水分解的基本类型

太阳光驱动水分解反应的核心在于利用半导体材料的光电效应来促进水分解反应，实现太阳能到氢能的转换。根据光解水电池中半导体材料的配置，可分为以下三种类型：使用颗粒半导体材料的光催化（photocatalytic，PC）水分解系统、配置半导体光电极的光电化学（photoelectrochemical，PEC）水分解系统，以及与太阳能电池结合的光伏-电解（photovoltaic-electrolysis，PV-EC）水分解系统[13-16]。

光催化是太阳光驱动水分解的最理想方式之一。通过将颗粒半导体材料悬浮在电解液中，构建了一个封闭的PC水分解系统（图1-2）[17-19]。在这个系统中，无须太阳光的定向照射，并且太阳光的吸收和水的分解能够在单个半导体颗粒上实现。这一相对简单的系统降低了H_2制备的成本，为未来规模化应用提供了想象空间。对颗粒PC水分解系统进行的技术经济学预测显示，当太阳能-氢转化（solar-to-hydrogen，STH）的转换效率达到5%～10%，运行寿命为5年时，该系统生产H_2的平均成本估计在每千克1.60～3.50美元[19]。这是目前已知的太阳光驱动水分解技术中预测成本最低的一种，并达到了美国能源部设定的每千克H_2 2.00～4.00美元的目标价格[20]。然而，需要注意的是，5%～10%的STH转换效率远高于目前在实验室中小规模试验所获得的1%左右的效率[18]。此外，PC水分解系统的规模化应用还面临其他问题，如半导体颗粒均匀悬浮在水溶液中，限制了太阳光通过介质到达半导体的入射光强度，从而降低了装置整体的STH转化效率[21]。H_2和O_2的混合产生需要及时分离，这不仅带来了一定的安全隐患，还增加了生产成本。尽管牺牲剂的使用防止了水分解的光静止状态（即水分解的正向和逆向反应的速率相同），但这也进一步增加了生产成本[22]。

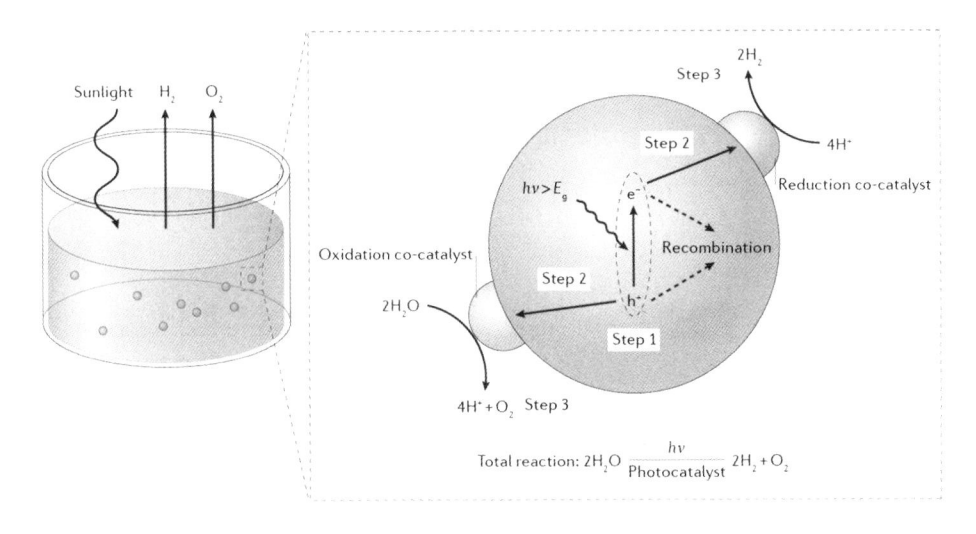

图1-2 PC全解水反应的示意图[18]

PEC水分解系统由电解液、进行析氧反应（oxygen evolution reaction，OER）的（光）阳极和进行析氢反应（hydrogen evolution reaction，HER）的（光）阴极组成。光电极上的光吸收薄膜通过直接薄膜合成或在电解质中将半导体粉末粘连在支撑电极上获得。图1-3展示了PEC水分解系统的三种常见构型：单光阳极、单光阴极和光阳极-光阴极串联水分解系统[23-25]。在单光阳极水分解系统中，选择n型半导体作为光阳极，金属或者导电非金属材料作为对电极。当太阳光照射在光阳极上，光激发产生的空穴转移到光阳极表面发生OER，而光激发产生的电子则会转移到对电极上发生HER［图1-3（a）］。类似地，在单光阴极水分解系统中，选取p型半导体作为光阴极，光激发产生电子诱导HER发生，而光生空穴则传导到对电极上发生OER［图1-3（b）］。串联PEC水分解系统通过导线直接连接n型半导体和p型半导体，实现电子和空穴的两次光激发，提高了PEC水分解制备H_2和O_2的产量［图1-3（c）］。不同于PC水分解系统，PEC水分解系统无须进行专门的混合气体分离，仅需配置一块传导质子（H^+）或阴离子（OH^-）的隔膜，即可有效分离两种不同电极上产生的气体[26]。同时，在外加电压下，PEC水分解系统具有更高的光生载流子迁移速率，能更有效地实现太阳光驱动水分解，并更容易达到STH转化效率10%的商业化最低目标。在此目标值下，PEC水分解技术的制氢成本预计为每千克4.10～10.40美元[20]。随着STH效率的进一步提高，当达到25%以上时，具有10年使用寿命的PEC制氢装置的H_2生产成本预计将低于每千克2.00美元[24]。因此，PEC水分解技术具有广阔的研究和应用价值。

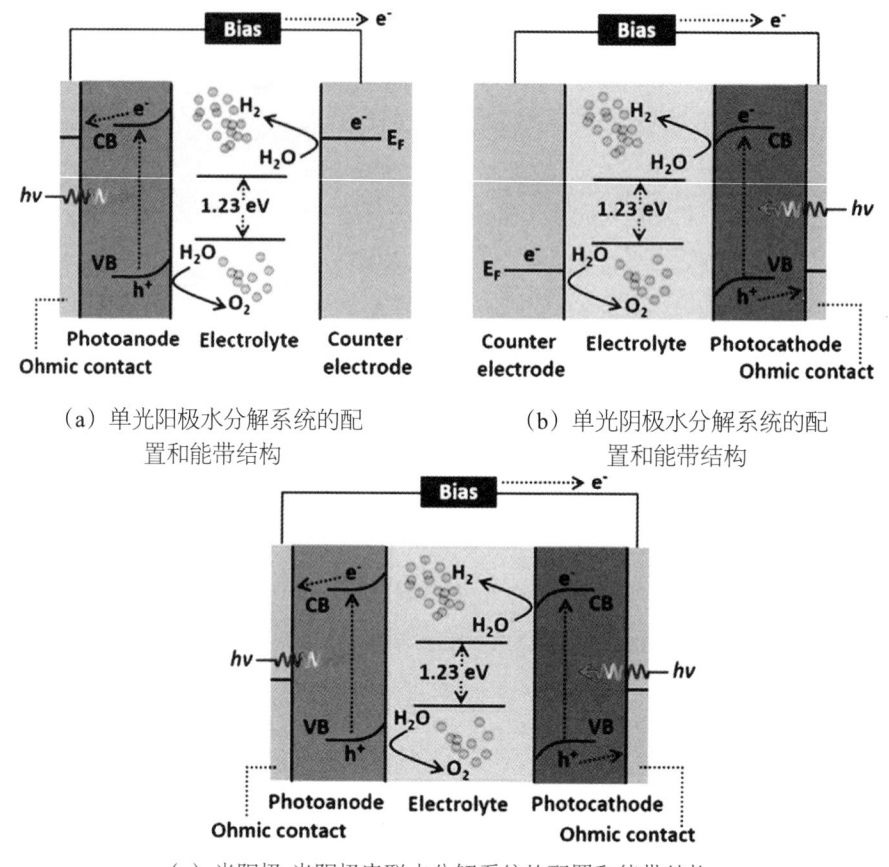

(a) 单光阳极水分解系统的配置和能带结构

(b) 单光阴极水分解系统的配置和能带结构

(c) 光阳极-光阴极串联水分解系统的配置和能带结构

图1-3　PEC水分解器件的示意图[24]

随着太阳能技术研究与实践的不断深入，人们逐渐认识到电解水和光伏电池这两种原本不同的技术可以建立密切的联系[27]。这种认识为构建PV-EC水分解系统提供了理论基础，该系统有效突破了传统太阳光驱动水分解技术在效率和稳定性方面的限制，为未来光水解技术的工业化应用奠定了基础。根据装置中的导线数量的不同，可将PV-EC水分解系统分为三种类型：集成PV-EC器件（Type Ⅰ）、部分集成PV-EC器件（Type Ⅱ）、非集成PV-EC器件（Type Ⅲ），如图1-4所示[28, 29]。图1-4（d）~（f）给出了工业应用中大型PV-EC水分解设备的设计模型（放大的单个单元）。

（a）集成PV-EC器件（Type Ⅰ）的装置　　（d）为（a）的工业应用中大型设备的设计模型（放大的单个单元）

（b）部分集成PV-EC器件（Type Ⅱ）的装置　　（e）为（b）的工业模型中的放大单元

（c）非集成PV-EC器件（Type Ⅲ）的装置　　（f）为（c）的工业模型中的放大单元

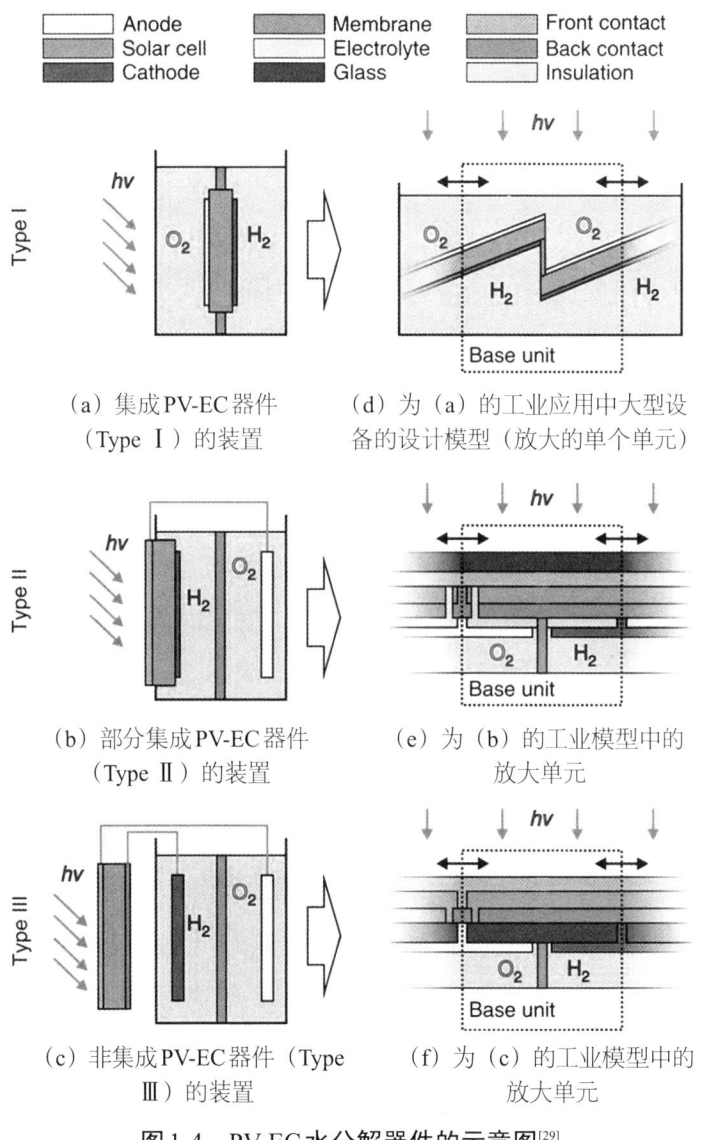

图1-4　PV-EC水分解器件的示意图[29]

集成PV-EC水分解系统直接将PV电池两侧分别与OER催化剂和HER催化剂电极进行集成，无须导线连接，完全浸入电解液中，在光照下直接实现全解水［图1-4（a）］。与之相对应的是"百叶窗"单元的设计，实现Type Ⅰ器件的扩展应用［图1-4（d）］。部分集成PV-EC水分解系统通过一根导线将集成的PV电池-单功能（HER/OER）催化剂组件与对电极（对应发生OER/HER）相连［图1-4（b）］。PV电池只有与催化剂组件集成的一侧暴露在电解液中，另一侧在封装后才与空气直接接触。光照发生时，PV电池产生的光生电子和空穴分别传导到阴极和阳极端进行HER和OER。这种空间分离设计减轻了电解液对PV电池组件的腐蚀和对入射光强度的影响，并能够实现光学和电化学的性能独立优化。基于这种空间分离的思路，非集成PV-EC水分解系统被组建，PV电池完全与电解液分离，并通过两根导线与电解槽中阴极和阳极相连，实现光学和电化学反应的完全分离［图1-4（c）］。Type Ⅱ和Type Ⅲ的PV-EC水分解器件都能够扩展为共面电极配置的规模化集成单元，光照和水分解空间独立，两者的区别在于是否存在玻璃背板和基板对光伏与水分解组件的分离和电气接触［图1-4（e）～（f）］。目前，随着光伏与电解水技术的日益成熟，PV-EC水分解系统的组件独立性越高，其展现出的STH转化效率也越高。已有报道显示，Type Ⅰ[30]和Type Ⅱ[31]水分解系统的STH转化效率超过了10%，而Type Ⅲ水分解系统[28]的STH转化效率更是超过了20%。然而，尽管这些STH转化效率已经超过了工业制氢的最低要求，但PV-EC水分解系统因其较高的复杂度和受光伏器件设计、系统平衡（balance of the system）等多重因素的影响，导致整体太阳光制氢的成本仍然居高不下。目前，制氢成本维持在每千克12.10美元左右，这限制了这些系统的规模化应用[16, 32]。

在上述光解水技术中，PV-EC水分解系统展现了最成熟的技术，其设备的集成化和模块化程度较高。然而，其高昂的成本限制了市场竞争力，使其仅能在短期内作为能源供给的适当补充。相较于PV-EC系统的高技术成熟度与高成本特点，PC水分解系统则处于另一个极端，即低技术成熟度与低成本。尽管这种低技术成熟度意味着需要在时间和资金上进行长期投入，但它仍被视为未来能源技术革命的备选方案之一。对于PEC水分解技术而言，它已具备一定的技术储备，并在成本上展现出一定优势。因此，该技术被认为是中期（约10年内）最有可能取得成功的太阳光驱动水分解技术（图1-5）[16, 32, 33]。鉴于此，当前人工光合作用水分解研究的重点在于如何在控制成本的基础上，尽快提升PEC水分解系统的效率和稳定性。这将有助于推动PEC技术走向更广泛的应用，并促进其在能源领域的持续发展。

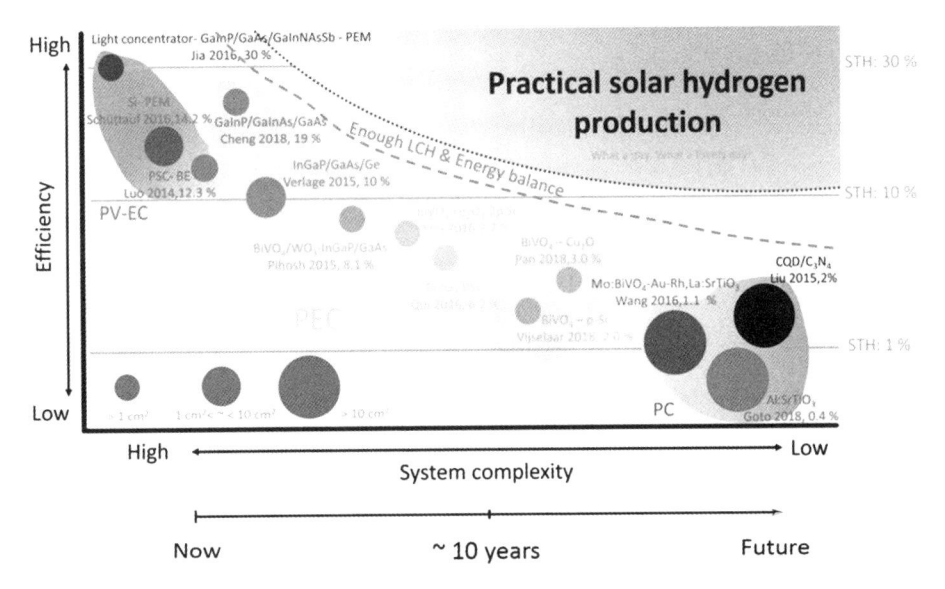

图1-5　太阳光驱动水分解反应的效率与系统复杂性的技术分布图[32]

1.2.2 PEC水分解的基本原理

整个PEC水分解反应主要涉及光生载流子的产生、分离和传导至表面参与水分解[34]。当入射光能量大于半导体材料（n型半导体或p型半导体）的带隙（bandgap，E_g）时，光吸收的能量会诱导光激发产生，促进电子从价带（valence band，VB）跃迁至导带（conduction band，CB），同时在价带中产生带正电的空穴。在半导体与电解液的界面中，因半导体的E_F和电解液的E_{redox}之间的电势差，导致半导体表面空间电荷区（space charge region，SCR）的形成。在空间电荷区内，半导体发生弯曲的能带会促使光生电子-空穴对的分离。分离后的电子和空穴分别传导到（光）阴极或（光）阳极表面，并在助催化剂的辅助下参与水分解反应（图1-3）。

从热力学上看，全解水反应（overall water splitting）是一个上坡反应（uphill reaction），需要至少237.2 kJ·mol^{-1}的标准吉布斯自由能（ΔG_0），转换为光子能量为转移一个电子至少需要1.23 eV的能量。整体的水分解反应如下：

$$2H_2O \rightarrow 2H_2 + O_2 \quad \Delta G_0 = 237.2 \text{ kJ·mol}^{-1} \tag{1-1}$$

全解水反应由两个半反应（half reactions）组成，分别是（光）阴极上质子还原的HER和（光）阳极上水氧化的OER。受电解液环境的影响，酸性介质和碱性介质下HER和OER的反应过程存在差异。

酸性介质下，HER和OER的反应过程如下：

$$4H^+ + 4e^- \rightarrow 2H_2 \tag{1-2}$$

$$2H_2O \rightarrow 4H^+ + O_2 + 4e^- \tag{1-3}$$

碱性介质下，HER和OER的反应过程如下：

$$4H_2O + 4e^- \rightarrow 2H_2 + 4OH^- \tag{1-4}$$

$$4OH^- \rightarrow 2H_2O + O_2 + 4e^- \tag{1-5}$$

因此，为了实现全解水反应，半导体吸光体位于导带和价带的电子和空穴能级即导电底（conduction band minimum，CBM）和价带顶（valance band maximum，VBM）必须分别跨越水的还原电位（0 V vs. normal hydrogen electrode，NHE）和氧化电位（1.23 V vs. NHE），即CBM比水的还原电位更负，VBM比水的氧化电位更正（图1-6）。并且，考虑到光生成电子-空穴对复合造成的能量损失，以及OER和HER的反应过电位，实现全解水反应理想的半导体带隙为1.8～2.4 eV[16, 32]。

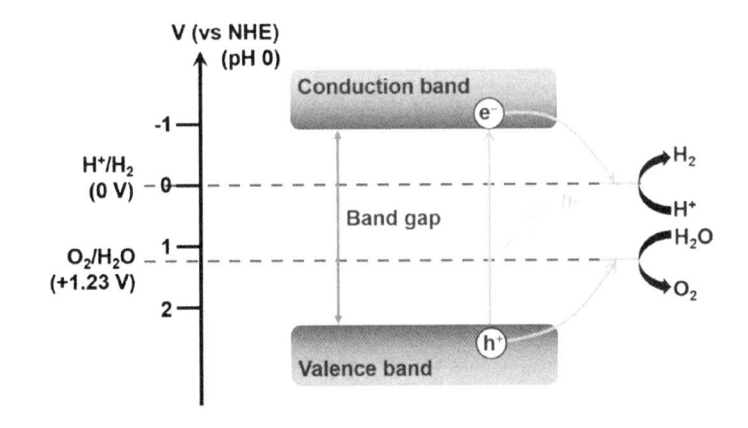

图1-6 单光吸收体全解水反应的能带示意图[19]

然而，半导体吸收太阳光的光谱范围与其E_g的宽度呈反比关系。根据波长（λ）与光子能量（E）的关系式：

$$E = \frac{hc}{\lambda} \tag{1-6}$$

其中，h为普朗克常数（6.63×10^{-34} J·s），c为光速（3.00×10^8 m·s^{-1}）。可以得到半导体带隙能量（E_g）与最大太阳光吸收波长（λ_{max}）的关系：

$$\lambda_{max} (nm) = \frac{hc}{q} \times \frac{1}{E_g} = \frac{1\ 240}{E_g\ (eV)} \tag{1-7}$$

其中，q为单电子的电荷量（1.60×10^{-19} C）。由此可知，半导体的E_g越小，

λ_{max}越大，则太阳光光谱吸收范围越大；当E_g越大，λ_{max}越小，则太阳光光谱吸收范围越小。

太阳光到达地球大气层的辐射在150～4 000 nm的波长范围内，其中波长小于400 nm的太阳光辐射为紫外光（ultraviolet，UV）谱区，约占太阳光辐射总量的7%；波长在400～780 nm的太阳辐射为可见光（visible light）谱区，约占太阳光辐射总量的50%；波长大于780 nm的太阳辐射为红外光（infrared）谱区，约占太阳光辐射总量的43%（图1-7）。当太阳光穿过大气层时，被大气层中的臭氧（O_3）、氧气、水蒸气、二氧化碳、二氧化氮等气体吸收，到达地球表面的太阳辐射会衰减30%以上，并且太阳光的光谱分布范围也发生变化，如图1-7所示。通常，人们采用"大气质量"（air mass，AM）来描述大气对到达地球表面太阳光辐射的影响程度。AM被量化为太阳光入射光线与地球表面法线之间角度θ的变化，即

$$AM = \frac{1}{\cos\theta} \tag{1-8}$$

当θ为48.2°时，AM为1.5，接近一般晴天时太阳光实际到达地面的辐射总量，辐照强度为100 mW·cm^{-2}。AM 1.5G常被代指地球（Global，G）表面的标准光谱，以便统一太阳能相关应用的测量标准[35]。

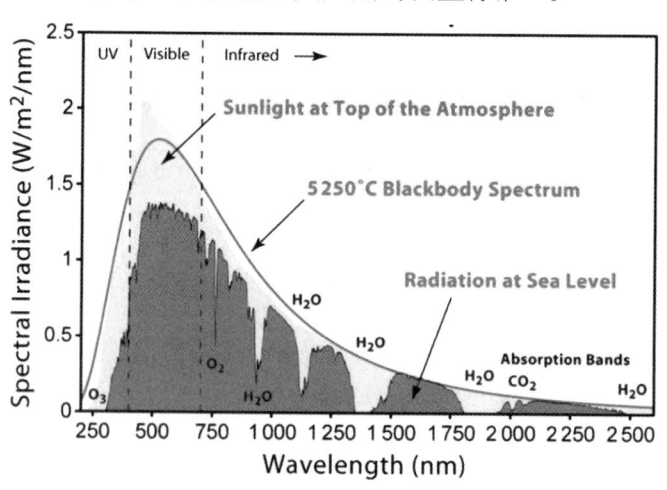

图1-7 地球大气层外层和到达地表的太阳辐射比较[35]

光电半导体材料的理论最大光电流密度（J_{max}）由半导体不同E_g所能吸

收的太阳光光谱范围内的总能量决定。J_{max} 的计算式如下：

$$J_{max} = q\int_0^{\lambda_{max}} N_{(\lambda)} d\lambda \qquad (1-9)$$

$$= q\int_0^{\lambda_{max}} \frac{\Phi_{(\lambda)}}{E} d\lambda$$

$$= q\int_0^{\lambda_{max}} \frac{\lambda \Phi_{(\lambda)}}{hc} d\lambda$$

$$= \frac{q}{hc}\int_0^{\lambda_{max}} \lambda \Phi_{(\lambda)} d\lambda$$

其中，$N_{(\lambda)}$ 为一个标准太阳光（100 mW·cm^{-2}）的光通量密度，$\Phi_{(\lambda)}$ 为一个标准太阳光的光子通量。半导体的 E_g 越小，λ_{max} 越大，则 J_{max} 越大；E_g 越大，λ_{max} 越小，则 J_{max} 越小。图 1-8 展示了几种常见光电半导体材料的理论光电流密度。在 E_g 大于 1.8 eV 的半导体中仅有少量材料可以使用，并且其理论 J_{max} 偏低，导致理论 STH 转化效率较低[36]。

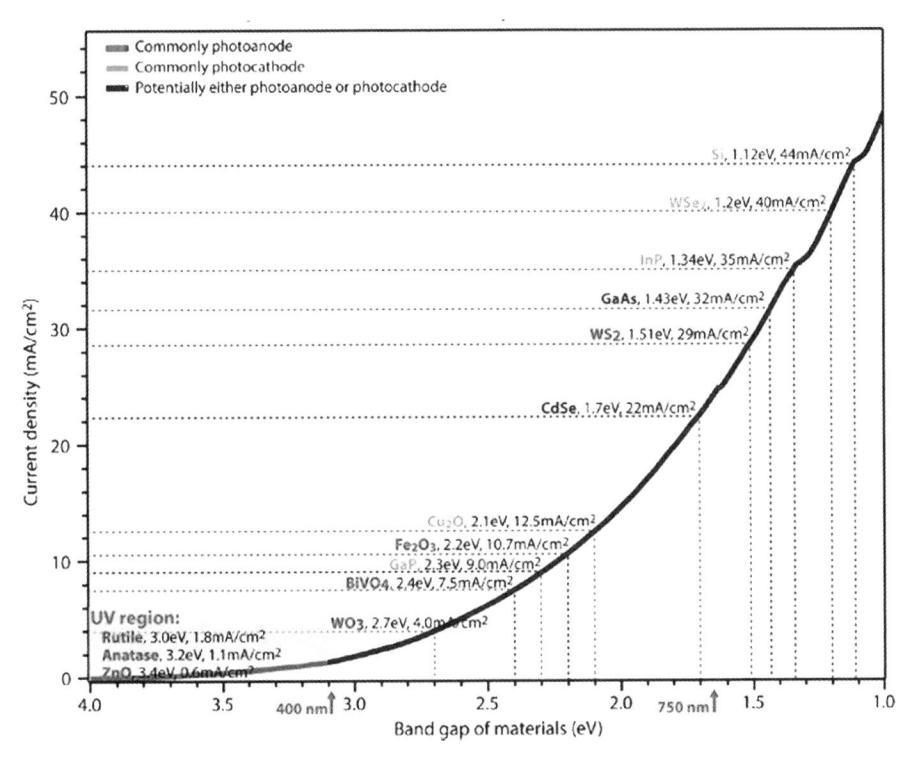

图 1-8　半导体在一个标准太阳光下的理论光电流密度[36]

因此，适用于全解水反应的半导体E_g要求限制了材料对光电子吸收的总量（J_{max}），这制约了光电半导体材料在PEC水分解中可选择的种类。虽然大多数半导体材料的能带结构对于全解水反应来说是不理想的，但对于仅发生OER的光阳极或HER的光阴极来说，寻找合适E_g和带边位置的光电半导体材料，并为驱动水氧化或还原提供足够的光电压输出是可能的。图1-9展示了一些常见光电极材料相对于NHE和水的氧化/还原电位的带隙和能带位置。存在导带和价带横跨水的氧化和还原电位的半导体材料，可用于全解水，但E_g较宽，影响可见光波段的吸收（如TiO_2、ZrO_2、ZnS、CdS等）；也存在E_g大于1.8 eV，但导带和价带仅跨越水的氧化或还原电位的半导体材料，仅可驱动半反应发生且J_{max}较低（如Fe_2O_3、SnO_2、$BaTiO_3$、CuO_2等）；还存在E_g小于1.8 eV，导带和价带也仅跨越水的氧化或还原电位的半导体材料，作为半电极器件且具有较大J_{max}（如Si、LnP、GaAs、Sb_2Se_3等）[19, 37-39]。

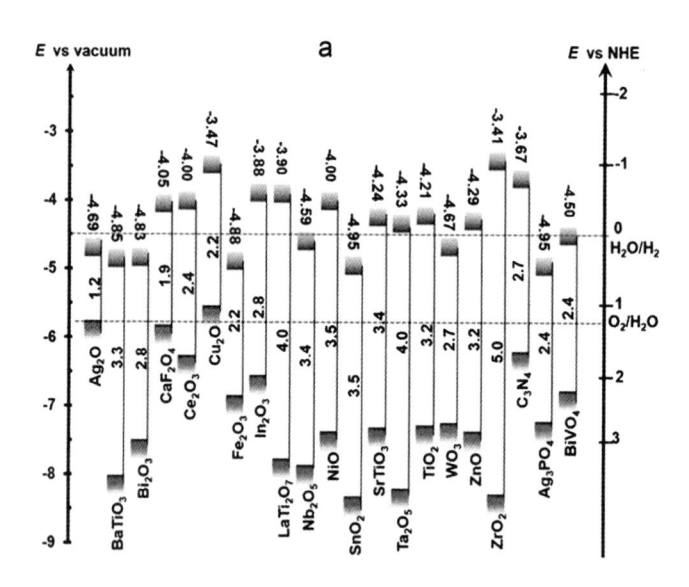

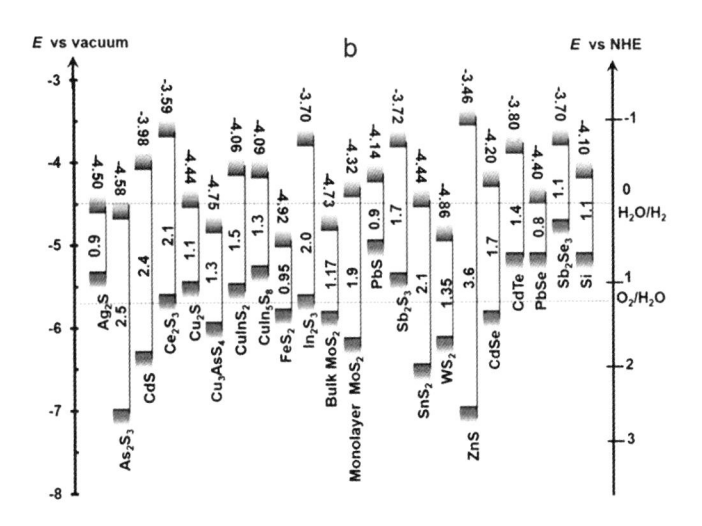

上方的数字表示确切的导带水平，方格之间的数字表示带隙，
两条虚线表示水的氧化和还原反应电位

图1-9 常见半导体在pH值为0时的带边位置与真空能级和NHE的关系[38]

PEC水分解系统不仅涉及合适带边位置（导带低位置和价带顶位置）的半导体吸光层的选择，而且涉及光吸收层与电解液之间界面的优化。图1-10展示了半导体与电解液界面之间的简化示意图。当半导体的E_F与电解液的E_{redox}之间存在电势差时，在与电解液接触的半导体近表面区域会形成一个厚度为1～0.1 μm的空间电荷区（区域Ⅰ）；与半导体接触的电解液端则会形成双电层，靠近半导体一侧的紧密层为亥姆霍兹层（Helmholtz layer）（区域Ⅱ），厚度3～5 Å，而靠外的扩散层为古依-查普曼层（Gouy-Chapman layer）（区域Ⅲ），厚度受电解液浓度的影响，当电解液浓度较高时厚度可忽略不计；亥姆霍兹层又包括由特异性吸附的离子或分子构成的内亥姆霍兹平面（inner Helmholtz plane，IHP）和由非特异性吸附的离子构成的外亥姆霍兹平面（outer Helmholtz plane，OHP）[27,40]。在开路或稍正的电压下，空间电荷区会因半导体中多子的迁移导致表面耗尽层（depletion layer）的形成，并形成少子电荷的过剩；当外加电压极正时，就会形成少子聚集的反转层（inversion layer）；若耗尽层和反转层中带正电荷，与其接触的溶液侧的双电层则会带负电荷（由负离子或负离子基团组

成），反之则相反。因此，在半导体和电解液之间将会形成一个由空间电荷区的$\Delta\varphi_{SC}$、亥姆霍兹层的$\Delta\varphi_{H}$和古依-查普曼层的$\Delta\varphi_{G}$组成的电压降。当电解液中离子浓度较低时，电荷在电解液中的迁移速率较低，双电层的分散排布趋势较大，$\Delta\varphi_{G}$在双电层的电位降中占主导；当电解液中离子浓度较高时，电荷在电解液中的迁移速率较高，双电层的紧密排布趋势较大，$\Delta\varphi_{H}$在双电层的电位降中占主导；当电解质的离子强度较高且半导体的表面态密度（the density of surface states，Nss）较低（$< 10^{12}$ cm^{-2}）时，溶液中双电层的电位降会远小于半导体空间电荷区的电位降，$\Delta\varphi_{SC}$在半导体-电解液界面的电位降中占主导；当电解质的离子强度较高且半导体的Nss较高（$10^{13}\sim10^{14}$ cm^{-2}）时，溶液中双电层的电位降会大于半导体空间电荷区的电位降，$\Delta\varphi_{H}$将在半导体-电解液界面的电位降中占主导，这一现象被称为费米能级的"钉扎效应"（pinning effect），会影响载流子的传输[40, 41]。由此可知，电解质条件和半导体特性共同影响半导体-电解液界面的载流子迁移特性。

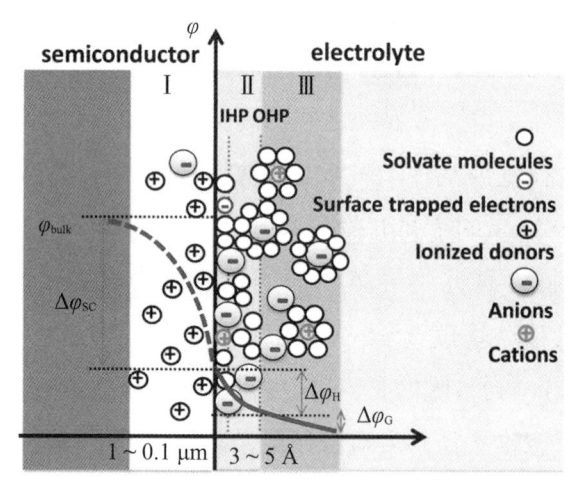

图1-10 在平衡条件下与电解质接触的n型半导体电极的双电层结构模型[40]

以n型半导体的光阳极为例，图1-11展示了在电解液浓度较高且半导体Nss较低时固-液界面处半导体能带弯曲的情况。在暗态（dark）和开路（open circuit）的条件下，n型半导体的E_F与电解液的E_{redox}达到平衡，在空间电荷区会产生一个内建电场（built-in electrical field）能带向上弯曲，并形成一个导致多子耗尽、少子积累的势垒（$V_{barrier}$，也常用Φ_B表示）；在光照和开路的条件下，半导体的 E_F 发生分裂，分裂为电子的准费米能级（the quasi-Fermi level of electrons，$E_{F,n}$）和空穴的准费米能级（the quasi-Fermi level of holes，$E_{F,p}$），$E_{F,n}$ 接近平带状态半导体的 E_F，而 $E_{F,p}$ 则会向下移动，$E_{F,n}$ 和 $E_{F,p}$ 会产生开路的光电压（photovoltage，V_{ph}）[16, 39, 40]。半导体 E_F 和电解液的 E_{redox} 差值决定了 $V_{barrier}$ 的大小，$V_{barrier}$ 的大小限定了光照下半导体 V_{ph} 的大小，公式如下：

$$V_{ph,max} = V_{barrier} = E_{redox} - E_F \tag{1-10}$$

当费米能级发生钉扎效应时，会导致固-液界面电位降的降低，进而导致半导体的 V_{ph} 下降。而对于 p 型半导体，则会出现能带向下弯曲的情况。在光照下，E_F 发生分裂，$E_{F,p}$ 接近平带状态半导体的 E_F，而 $E_{F,n}$ 则会向上移动，形成阴极 V_{ph}。

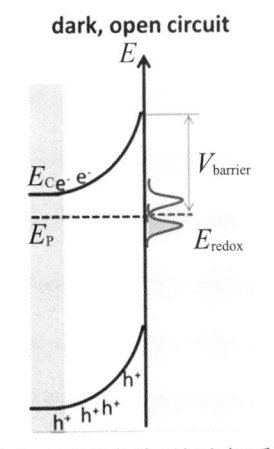

(a) 在黑暗条件下与电解质接触的 n 型半导体的能带结构

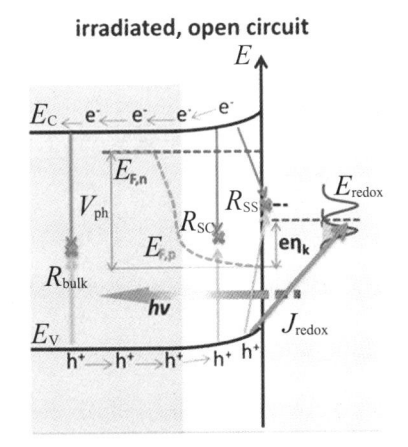

(b) 在连续光照下与电解质接触的 n 型半导体的准静态能带结构

图 1-11　电解液浓度较高且半导体 NSS 转低的固-液界面处半导体的带弯曲的情况[40]

通过能带弯曲产生的多子耗尽势垒，可以实现光生载流子的有效分离并传导至电极表面参与水分解反应。PEC 水分解的整个过程可视为一系列时间尺度逐渐变长的步骤（图 1-12）[42]。相对于大多数的光伏电池（ns 到 μs），在 PEC 水分解系统中实现水的氧化或还原反应需要更长时间尺度的电荷寿命（ms 到 s）。除了自身反应的电荷长寿命要求，在光生载流子产生和发生催化反应之间，还存在多种电荷的损失途径，包括半导体的极化（自捕获）

(polarons)、缺陷态的捕获（trapping）、以及各种复合路径（recombination）。电荷复合路径包括体相复合（bulk recombination, R_{bulk}）、空间电荷区的复合（SCR recombination, R_{SC}）和表面态复合（surface state recombination, R_{SS}）（图1-11）[16, 40, 42]。这些电荷损耗造成了大量能量损失，这要求测试过程中提供额外的动力学过电位（kinetic overpotential, η_k）以实现水分解反应。因此，通常需要提高半导体光吸收层的结晶度以及覆盖电荷提取层和表面助催化层来减小缺陷和载流子复合过程，以提高电荷的分离和提取效率。

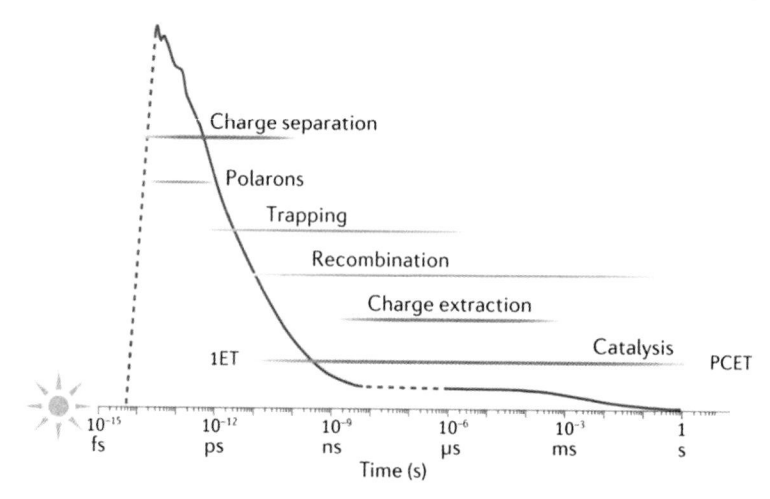

图1-12 光阳极的载流子从光激发到参与催化反应的动力学时间线[42]

当光生载流子传导至电极表面时，阴极端的质子还原过程产生单个H_2分子需要两个电子参与，而阳极端的水氧化过程产生单个O_2分子则涉及4个电子的转移[公式（1-2）、公式（1-3）、公式（1-4）和公式（1-5）]。相对于HER的2电子过程，OER的4电子转移过程更加复杂，涉及多个反应步骤。

酸性电解质中，OER可能的反应路径如下：

$$H_2O + M \rightarrow MOH + H^+ + e^- \tag{1-11}$$

$$MOH \rightarrow MO + H^+ + e^- \tag{1-12}$$

$$MO + H_2O \rightarrow MOOH + H^+ + e^- \tag{1-13}$$

$$MOOH \rightarrow M + O_2 + H^+ + e^- \tag{1-14}$$

碱性电解质中，OER可能的反应路径如下：

$$M + OH^- \rightarrow MOH + e^- \tag{1-15}$$

$$MOH + OH^- \rightarrow MO + H_2O + e^- \tag{1-16}$$

$$MO + OH^- \rightarrow MOOH + e^- \tag{1-17}$$

$$MOOH + OH^- \rightarrow M + O_2 + H_2O + e^- \tag{1-18}$$

在上述的反应中，M表示OER反应的金属活性中心，MO、MOH和MOOH是反应过程中形成的活性中间体。MO中间体中M—O键的强度可作为一种催化活性的指标，用以评估OER的催化性能。根据Sabatier原理，可绘制出M—O键的强度与催化活性之间的火山关系图（volcano plot）（图1-13）[43, 44]。图1-13中M—O键的强度过强或过弱都表现出较低的催化活性；越接近"火山"的顶端，M—O键的强度越合适，表现出的催化活性越高。然而，在这一标定尺度下，处于"火山"顶端位置的催化剂依然需要较大的过电位（OER overpotential，η_{OER}）才能实现水分解反应[45]。在图1-13中，x轴上的描述符是金属表面O和OH的吸附能之差，红线与蓝线和点之间的垂直差值可估算出氧化物上的OER过电位；限制反应的步骤以黑色显示：火山左侧受限于MO转化为MOOH步骤，而右侧受限于MOH转化为MO步骤。这些反应能垒的存在造成了更多的能量损耗，是阻碍全解水反应发生的主要限制因素。因此，针对（光）阳极上OER的研究是提升整体PEC水分解效率的重点之一。

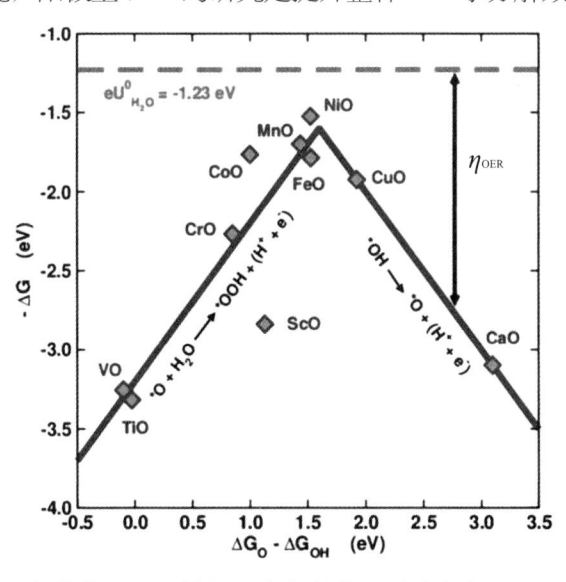

图1-13　金属氧化物M—O键的强度与催化活性之间的"火山"关系图[45]

对于PEC水分解系统的长期稳定性，主要的影响因素有半导体光吸收层的化学腐蚀（chemical corrosion）和光腐蚀（photocorrosion），以及表面助催化剂活性中心的浸出（leaching）或重构（reconstruction）。表面化学腐蚀是半导体光吸收体在与强腐蚀性的酸性或碱性电解液接触时固-液界面没有发生净电荷转移（net charge transfer）的衰减或溶解现象（图1-14，过程"①"）[46, 47]。不同于光伏电池，PEC水分解中光电极材料将不可避免的与水溶液中的电解质直接接触。为实现水分解效率的最大化，通常需要使用高离子电导率和高浓度H^+或OH^-的强酸性或碱性电解质（如1 M H_2SO_4、1 M KOH、1 M NaOH等），来最大限度地减少系统中的能量损失，包括溶液电阻（solution resistance）、pH梯度导致的能斯特电位损失（nernstian potential losses），以及电解质缓冲物种的电渗析（electroosmosis）等问题[48, 49]。然而，强腐蚀性的电解液环境严重损害了半导体光吸收材料

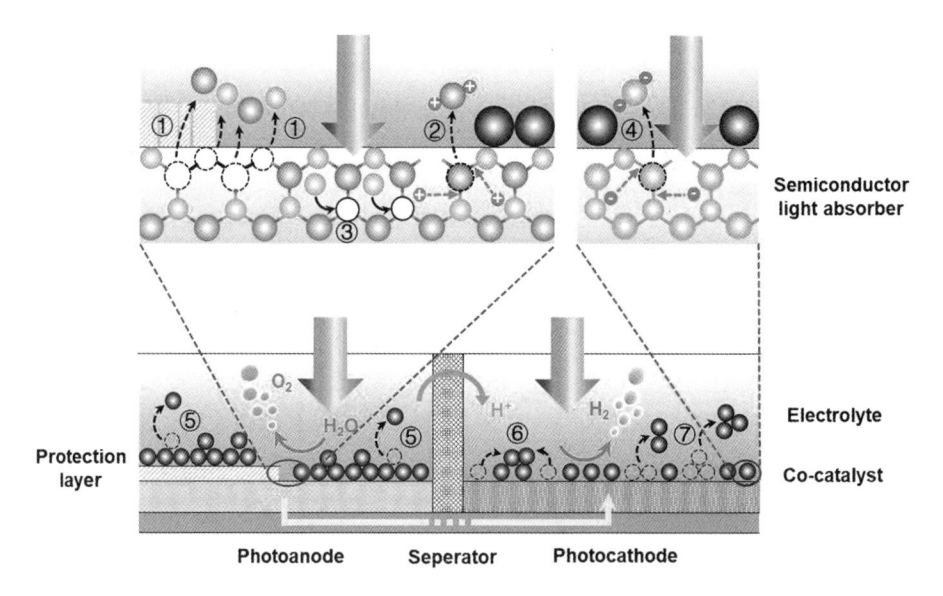

①—暴露在电解液中的半导体光吸收体的化学腐蚀；②—阳极的光腐蚀反应，在半导体中产生并迁移到表面的空穴被具有两电子的表面反键轨道所捕获，随后诱导产生表面自由基中间体，并伴随着半导体原子的溶解；③—工作条件下半导体缺陷浓度的变化，如氧空位；④—阴极的光腐蚀反应，在半导体中产生并迁移到表面的电子会还原半导体原子并使其溶解；⑤—表面保护层的针孔现象；⑥—助催化剂活性物质的浸出；⑦—助催化剂颗粒的聚集；⑧—助催化剂颗粒的脱离。

图1-14 光电极的降解机制

的稳定性。到目前为止，很少有半导体材料能在与电解质直接接触的情况下长期稳定地进行PEC水分解。

光腐蚀是半导体光吸收体在光激发过程中热力学和动力学因素导致的自氧化（self-oxidation）或自还原（self-reduction）过程（图1-14，过程"②"、"③"、"④"）[50, 51]。在光照下，光腐蚀的发生取决于半导体的自氧化或自还原电位与水的氧化或还原电位的相对位置［图1-15（a）、（b）］。一般来说，如果半导体的自氧化电位比水的氧化电位更负，或者自还原电位比水的还原电位更正，那么半导体在热力学上就是不稳定的；反之，则在热力学上是稳定的[50]。Chen和Wang[50]采用实验和ab initio计算相结合的方法，研究了一系列半导体光吸收体的价带/传导带边缘和自氧化/还原电位与水氧化还原电位的关系［图1-15（c）］。他们预测了这些材料在水溶液中工作条件下的热力学稳定性，揭示了以下趋势：①所有非氧化物半导体都容易被光生空穴氧化而变得不稳定；②一些金属氧化物半导体表现出热力学不稳定性；③特定金属氧化物半导体在用作光阳极时保持热力学稳定。值得注意的是，热力学稳定的半导体光吸收体的稳定性也会受PEC水分解中特定动力学过程的显著影响。如果半导体的自氧化电位位于水的氧化电位和价带之间，或自还原电位位于水的还原电位和导带之间，则半导体的光稳定性取决于水分解反应和光腐蚀反应之间的动力学竞争，即分支比（branching ratio）［图1-15（b）］[52, 53]。

高活性助催化剂通过降低氧化还原过电势和促进电荷对表面催化反应的注入，显著提升光电极PEC活性。不仅如此，助催化剂还能为光电极提供热力学或动力学保护，使其免受电解液的化学腐蚀或降低光腐蚀反应的选择性[40, 53, 54]。然而，助催化剂活性的衰减是导致光电极不稳定的一个重要因素。与光电阴极耦合的HER助催化剂主要是贵金属基催化剂，如Pt、Ru、Pd、Rh、Ir等。在稳定性测试过程中，这些HER催化剂容易团聚（agglomerate）或脱离基底表面（图1-14，过程"⑥"和"⑦"）[55]。另一方面，与光阳极耦合的OER助催化剂主要是过渡金属基催化剂，包括Fe/

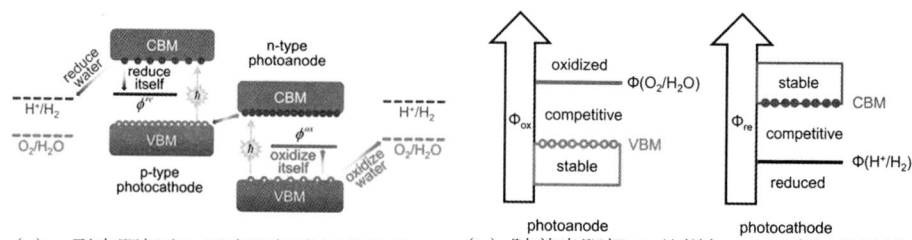

(a) p型光阴极和n型光阳极半导体的能带排列与水的氧化还原电位关系示意图，Φ_{ox}表示光阳极在水溶液中的氧化电位，Φ_{re}表示光阴极的还原电位

(b) 随着光阳极Φ_{ox}的增加，n型半导体材料稳定性的变化（左图），以及随着光阴极Φ_{re}的增加，p型半导体材料稳定性的变化（右图）

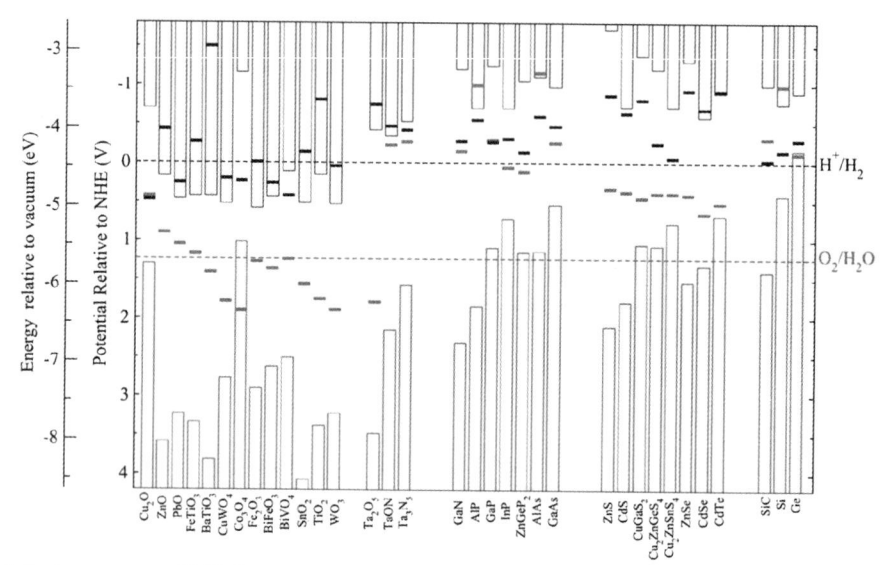

(c) 在pH = 0、环境温度298.15 K和压力1 bar条件下，一系列半导体在溶液中相对于NHE和真空能级的Φ_{ox}（红条）和Φ_{re}（黑条）与水的氧化和还原电位的计算结果

图1-15 半导体光吸收体的腐蚀过程[50]

Co/Ni基氢氧化物、Mn基氧化物、Cu基氢氧化物等[40, 54, 56, 57]。由于电解质环境恶劣，过渡金属基OER催化剂的活性物种在运行条件下不可避免地会发生溶解（图1-14，过程"⑤"）[56, 58]。

此外，并非所有电催化剂都能有效地用作助催化剂对光电极的PEC性能产生积极影响，即使是最先进的HER和OER电催化剂，其局限性来自助催化剂与光吸收体合成路线的不兼容、助催化剂层所带来的寄生光吸收问题（parasitic light absorption），以及引入额外的载流子复合中心等问题[54]。在这些问题中，助催化剂的负载量值得特别关注。虽然过量的催化层可能会提高电催化活性，并为光电极提供更好的物理保护，但也有可能阻碍入射光线到达半导体，并增加电荷传输的电阻率［图1-16（a，b）］[40, 59]。为了减少寄生光吸收，助催化剂通常以纳米颗粒或纳米多孔结构的形式集成在半导体光吸收体的表面[60]。然而，这些光阳极的稳定性仍然比不上同形膜保护的光阳极，因为耦合纳米颗粒或纳米多孔助催化剂会将大部分半导体表面暴露在电解液中，导致局部化学腐蚀和光腐蚀[61]。Ni岛状颗粒/p⁺n-Si光阳极就是一个很好的例子，由于在碱性电解液中各向异性的溶解，导致Ni岛状颗粒下切，PEC活性迅速下降［图1-16（c）］[62]。

（a）光阳极表面助催化剂薄膜减弱了到达半导体光吸收体的太阳光通量

（b）助催化剂的光催化效率Φ_{o-c}与薄膜厚度t的函数关系图[59]

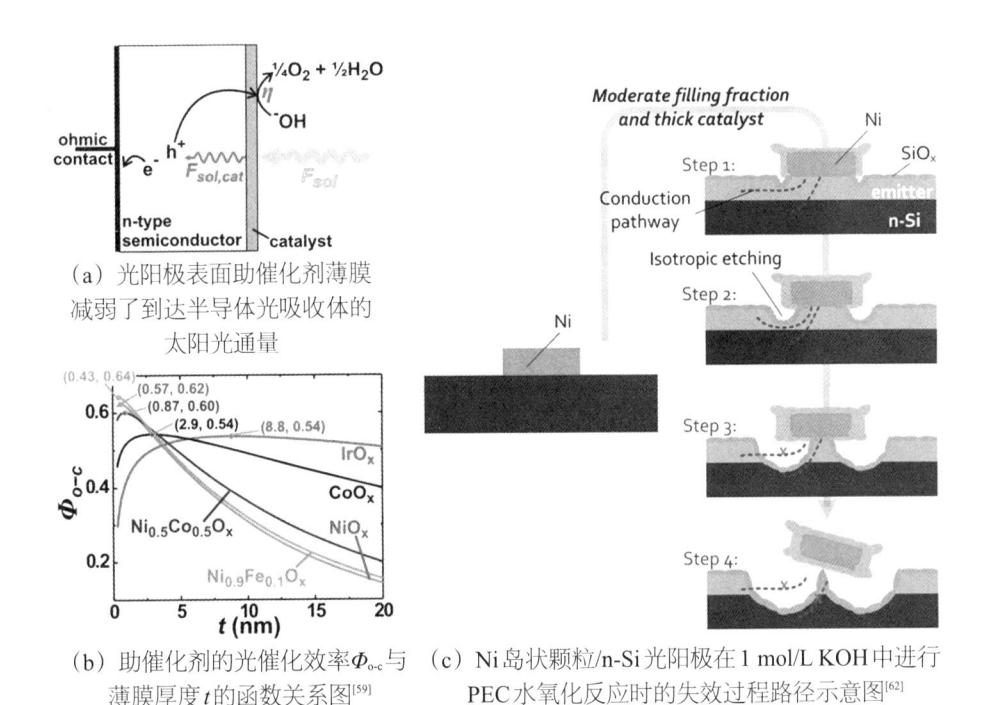

（c）Ni岛状颗粒/n-Si光阳极在1 mol/L KOH中进行PEC水氧化反应时的失效过程路径示意图[62]

图1-16　助催化剂与光电极耦合过程中出现的问题

1.2.3 PEC水分解的基本参数

PEC水分解的主要衡量指标是STH转化效率[16, 32, 39],可以表示为总的氢能产出量与总的太阳光输入能量之间的比值。公式如下:

$$STH = \frac{\Delta G_0 \times r_{H_2}}{P_{sun} \times S} = \frac{1.23\ V \times J_{photo}}{P_{sun}} \times FE \quad (1-19)$$

其中,r_{H_2}是H_2的摩尔产率($mol \cdot s^{-1}$);P_{sun}是入射光的辐照强度($mW \cdot cm^{-2}$);S为光电极的光照面积(cm^2);J_{photo}为实际产生的光电流密度($mA \cdot cm^{-2}$);FE为产生H_2的法拉第效率(%)。

当PEC水分解系统中有外加偏压(V_{bias})时,STH转化效率的计算需要减去所施加的电能。通常使用外加偏压光-电转化效率(applied bias photon-to-current efficiency,ABPE)来间接计算STH的光电转化效率[23, 39]。

$$ABPE = \frac{P_{out} - P_{in}}{P_{sun}} = \frac{J_{photo} \times (1.23\ V - V_{bias})}{P_{sun}} \times 100\% \quad (1-20)$$

其中,P_{out}是PEC水分解系统总的输出功率($mW \cdot cm^{-2}$);P_{in}是施加偏压的输入功率($mW \cdot cm^{-2}$)。

对于半电池(光阳极或光阴极)的PEC水分解反应,采用半电池太阳能-氢能转换效率(half-cell solar-to-hydrogen efficiency,HC-STH)来衡量STH转化效率,其计算过程与ABPE一致[23]。

$$HC - STH\ (\%) = ABPE\ (\%) \quad (1-21)$$

光电流密度是指在利用线性扫描伏安法(linear sweep voltammetry,LSV)或者循环伏安法(cyclic voltammetry,CV)对PEC器件进行水分解测试过程中,随着施加偏压的变化单位面积上所引起的光电流强度的变化。在J-V曲线中,光生电流密度高于其背景电流时(通常定义在特定光电流密度下)所施加的最小偏压被称为光电流的起始电位(onset potential)[63]。

法拉第效率（faraday efficiency，FE）是衡量目标反应在总反应中所占比重的一种指标[39]。在PEC水分解中，FE是为了确认光电极在光照下所产生的光电流被用于水分解反应而非光腐蚀或其他副反应。FE通过目标气体的产量与理论目标气体的产量的比值来确定：

$$FE = \frac{\alpha n F}{I \times t} \times 100\% \quad (1\text{-}22)$$

其中，α为生产单位目标产物所需要的电荷数，目标产物为O_2时，α为4，目标产物为H_2时，α为2；n为实际产生的目标产物的摩尔数（mol）；F为法拉第常数（Faraday's constant：96 485.33 C·mol^{-1}）；I为实际产生的光电流强度（mA）；t为反应时间（s）。

除了通用的STH转化效率，量子效率也被用于衡量光电极PEC水分解性能。固定入射波长下测量的入射光子转化为电流的效率（incident photon-to-current efficiency，IPCE）反映了光子对PEC水分解反应的贡献程度[23, 39]。

$$IPCE = \frac{\dfrac{J_{photo}(\lambda)}{q} \times \dfrac{hc}{\lambda}}{P(\lambda)} \times 100\% \quad (1\text{-}23)$$

其中，$J_{photo}(\lambda)$为特定波长的入射光下产生的光电流密度（mA·cm^{-2}）；$P(\lambda)$为该特定波长下的入射光强度（mW·cm^{-2}）。

1.3 硅光阳极材料的研究进展

在过去的几十年中，开发和研究了大量的PEC水分解材料。主要的半导体光吸收材料有硅（silicon：n-Si、p-Si、c-Si、a-Si等）[61, 64-66]、Ⅲ～Ⅴ族化合物（group Ⅲ～Ⅴ compounds：InP、GaAs、GaP、GaInP等）[67-69]、金属氧化物（metal oxides：TiO_2、WO_3、Fe_2O_3、$BiVO_4$、ZnO、Cu_2O等）[70-72]、金

属（氧）氮化物［metal (oxy) nitrides：TaON、Ta_3N_5、$BaTaO_2N$、$LaTaON_2$、GaN 等］[73-75]、金属硫/硒化物［metal sulfides/selenides：CdS、CdSe、Sb_2S_3、$CuInS_2$（CIS）、$CuInGaSe_2$（CIGS）等］[76-78]等。高效、稳定、廉价的材料是 PEC 水分解规模化应用的理想选择。但是，在已知的研究中并未找到能够同时满足这些条件的半导体材料［图 1-17（a）］[32]。其中，成本竞争力是商业化应用中的首要考虑问题。PEC 水分解器件的成本由其材料的复杂性决定，可以用光电极器件的层数来表示：层数越多，相对成本越高。如图 1-17（b）所示，为了尽可能实现器件的高效与稳定，光电极通常至少为三层结构，即半导体吸光层+保护层/电荷提取层+催化层。要实现 STH 效率 10% 的商业化要求，PEC 水分解产生的 J_{photo} 至少为 8.13 mA·cm^{-2}，半导体 E_g 应小于 2.3 eV[32]。这一要求极大的缩小了半导体光吸收材料的可选择性。$BiVO_4$ 作为当前最受关注的光阳极材料，其最大 HC-STH 转化效率达到了 2.67%[71]，并且可以实现超过 1 000 h 的光电流稳定性[79]。令人遗憾的是，$BiVO_4$ 光阳极的理论最大电流密度低于商业化光电流的最小电流密度的要求。Cu_2O 是一种带隙为 2.1 eV 的光阴极材料，当前最大 J_{photo} 可达到 10 mA·cm^{-2}，V_{ph} 也达到了 1.0 V[72]，满足了商业化对性能的最低要求，但是其热力学上的不稳定限制了其大规模的应用［图 1-15（b）］[80]。Ta_3N_5 作为新兴的光阳极材料，其最大 J_{photo} 接近了理论极限约 12 mA·cm^{-2}[74]，同样满足了商业化对光电流的要求，但非氧化物材料自身的热力学不稳定性导致了其光严重腐蚀［图 1-15（b）］[81]。除此之外，满足商业化光电流要求的只有硅、Ⅲ～Ⅴ族化合物、CIS、CIGS 等光伏半导体材料，如图 1-17（a）所示[32]。其中，硅半导体由于其商业化程度最高，其在 PEC 水分解领域的应用也引起了人们的极大兴趣，尤其是 n-Si 光阳极的研究备受关注。

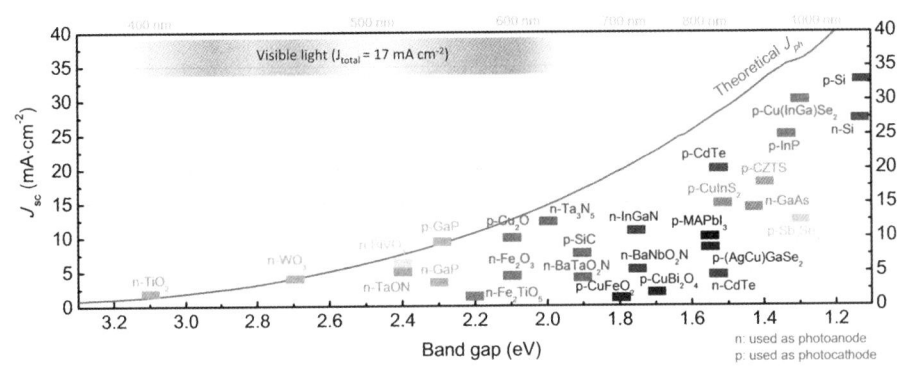

（a）一个标准太阳光下用于PEC水分解的光电极在短路条件下的光电流密度，光阳极的短路条件为1.23 V vs. RHE，光阴极的短路条件为0.00 V vs. RHE

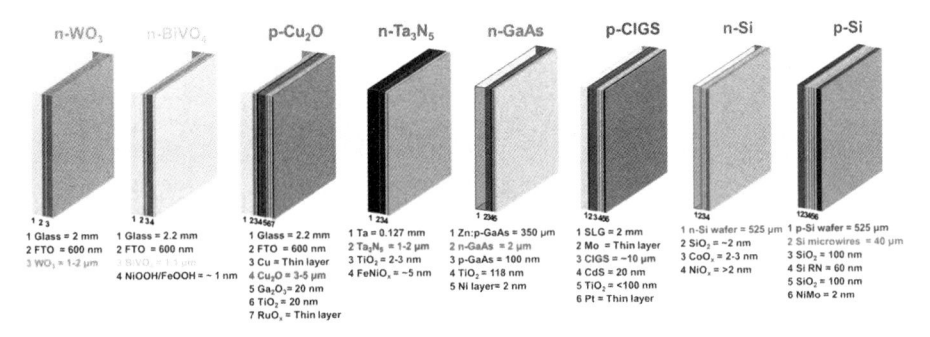

（b）常见光电极的已知组成结构

图1-17 不同半导体材料实际产生的光电流密度与理论光电流密度对比[32]

1.3.1 硅半导体的基本性质

硅是地球上第二丰富的元素，占地壳总质量的26.4%，仅次于占比49.4%的氧元素。单质硅有无定型硅（amorphous silicon，a-Si）和晶体硅（crystalline silicon，c-Si）两类结构[82]。a-Si的原子间通过随机共价键进行连接并且键角无序变化，整体结构短程有序而长程无序。结构中会产生许多悬挂键，H会补充这些悬挂键，形成a-Si：H结构，如图1-18（a）所示。由于其较低的工艺温度（<300 ℃）和成本，a-Si：H常被用于柔性电子材料领域。c-Si为正四面体结构，Si原子位于四面体顶点位置并与四个Si

原子相连，形成四个共价键，构成稳定的电子结构［图1-18（b）］。对于本征的单晶硅，由于所有的电子轨道都处于占有态，几乎不存在多余的电子和空穴，导致其呈现不导电性。为提高导电性，通过施主掺杂将宿主原子（Si原子）替换为具有更多价电子的杂质原子（P原子），使得本征半导体呈现富电子状态，即n-Si［图1-18（c）］；通过受主掺杂将宿主原子（Si原子）替换为具有更少价电子的杂质原子（B原子），使得本征半导体呈现富空穴状态，即p-Si［图1-18（d）］[39]。

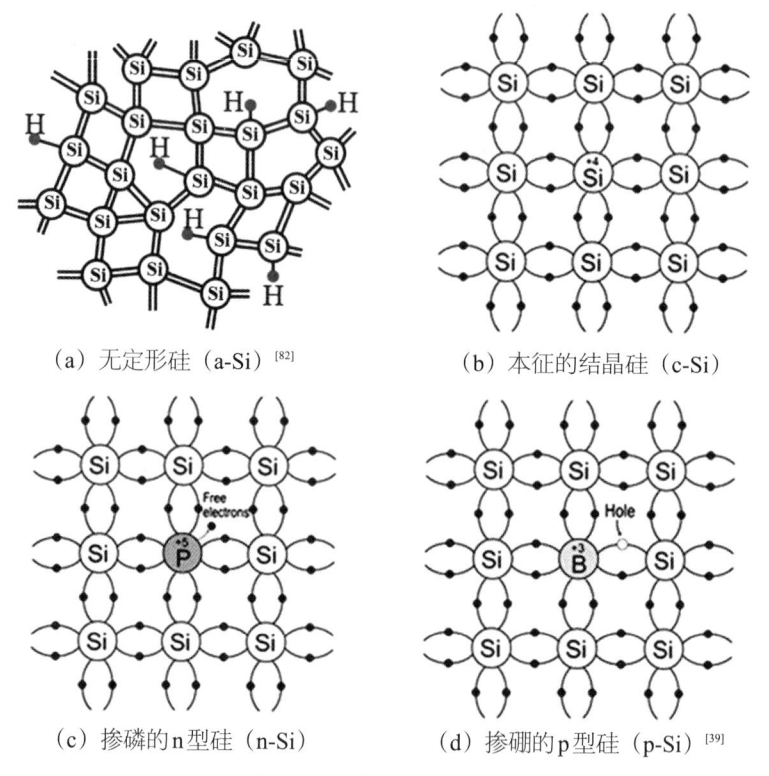

(a) 无定形硅（a-Si）[82]　　(b) 本征的结晶硅（c-Si）

(c) 掺磷的n型硅（n-Si）　　(d) 掺硼的p型硅（p-Si）[39]

图1-18　单质硅的结构示意图

单晶硅是市场上最主要的半导体材料，被广泛应用于微电子和光伏设备中。室温下，其半导体E_g为1.12 eV，能够实现从近红外到紫外区域内的太阳光吸收，最大理论J_{photo}达到43.7 mA·cm^{-2}，并且光激发产生的载流子具有迁移率高和扩散距离长的特点，这使得Si成为太阳能转换利用的理想选择[65, 83]。单晶硅太阳能电池具有较高的饱和电流密度（约40 mA·cm^{-2}）和开路电压（约700 mV），其光电转换效率超过25%[84]。因此，Si半导体是PEC水分解有力的备选材料。p-Si常作为PEC水分解的光阴极材料，而n-Si常作为PEC水分解的光阳极材料。由于Si的半导体带边位置跨越了水还原电位［图1-9和图1-15（c）］[50]，动力学上对HER是有利的。在酸性电解液条件下，p-Si光阴极的光电流起始电位已经达到+0.6 V相对于可逆氢电极（reversible hydrogen electrode，RHE）[65]，并且HC-STH效率已经提高到了10.8%[66]。与之相对应的，由于价带位置不利于水的氧化［图1-9和图1-15（c）］[50]，n-Si光阳极呈现出相对较小的光电压和较高的光电流起始电位（本书中所有Si光电极的光电流起始电位被定义为：在1.0 mA·cm^{-2}电流密度下所施加的偏压值）。并且，有利于OER的强碱性环境造成了n-Si光阳极的表面化学腐蚀，持续影响光阳极的稳定性[85]。为提高n-Si光阳极的活性和稳定性，实现PEC水分解的规模化应用，进行了大量相关研究。

1.3.2 硅光阳极的性能研究

n-Si光阳极高PEC活性的实现关键在于表面光电压的提升。通常，在n-Si表面通过构建金属-绝缘体-半导体（metal-insulator-semiconductor，MIS）结构或PN结的方式提高光电压。20世纪70年代，MIS结构开始被应用于提高光电器件性能的研究中[86-88]。MIS结构通过绝缘层实现对半导体表面缺陷态的钝化，并通过金属导体的沉积实现对半导体中少数载流子的提取。光电压的大小取决于载流子跨越绝缘层界面时的电阻大小、半导体与金属之间形成的内置电位差。

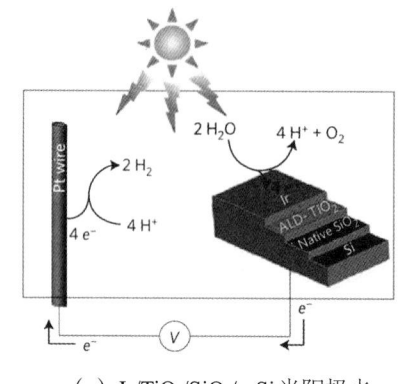

(a) Ir/TiO$_2$/SiO$_2$/n-Si 光阳极水氧化反应的示意图

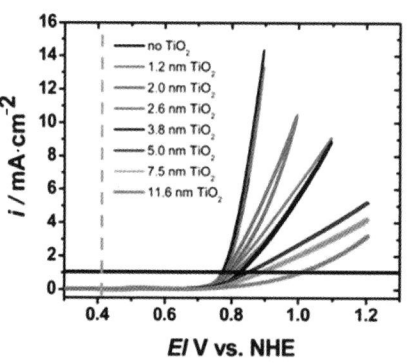

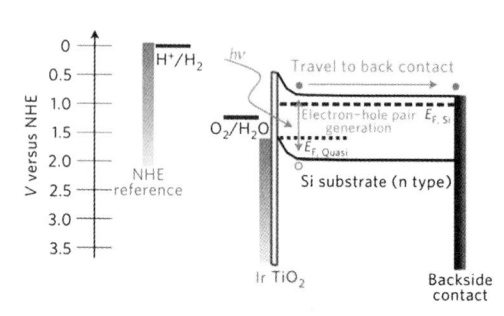

(b) 在pH为0的溶液中，Ir/TiO$_2$/SiO$_2$/n-Si 光阳极在1 V vs. NHE的偏压下的能带图[89]

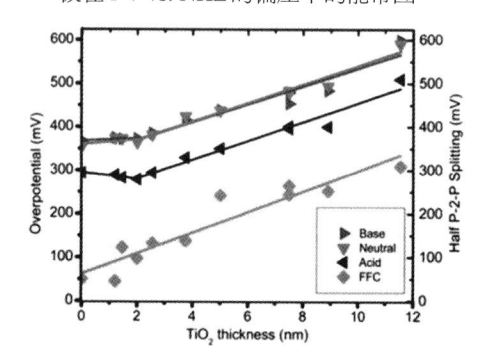

(c) 不同厚度TiO$_2$层的Ir/TiO$_2$/SiO$_2$/p$^+$-Si 阳极水氧化的J-V曲线

(d) 在电流密度为1 mA·cm^{-2}条件下，水氧化的过电位和亚铁氰化铁{Fe$_4$[Fe(CN)$_6$]$_3$}的峰/半峰信噪比与TiO$_2$厚度的函数关系[90]

图1-19　绝缘层为TiO$_2$的MIS结构的n-Si光阳极

2011年，Chen等人[89]首次利用原子层沉积（atomic layer deposition，ALD）技术在n-Si表面沉积超薄（约2 nm）的TiO$_2$绝缘层，构建了Ir/TiO$_2$/SiO$_2$/n-Si光阳极［图1-19（a）、（b）］，获得了约550 mV的光电压和30 mA·cm^{-2}的饱和光电流密度，实现了光生空穴的有效提取。在此基础上，Scheuermann等人[90]进一步研究了TiO$_2$绝缘层的厚度对PEC水氧化性能的影响。当TiO$_2$厚度小于2 nm时，电荷通过隧穿机制（tunnel effect）传输，OER过电位（此处为电流密度为1 mA·cm^{-2}下的过电位）与厚度变化无关；当TiO$_2$厚度大于2 nm时，电荷传输呈现体相传输限制（bulk-limited conduction mechanism），增厚的TiO$_2$通过陷阱跳跃的方式传导电荷，导致OER过电位与厚度呈线性正相关：每增加 1 nm 的厚度，过电位增加 21 mV［图 1-19（c）、（d）］。同样的，当 n-Si 表面自然形成的氧化物（SiO_2）绝缘钝化层厚度小于 2 nm 时，电荷通过隧穿方式传输；而当其厚度增加到大于 2 nm 后，电荷的隧穿传输受到限制[91]。

除了 TiO_2 之外，其他绝缘体，如 ZrO_2、HfO_2、Al_2O_3 等也被用于钝化 n-Si 表面构建 MIS 结构。ZrO_2 是一种高介电常数（ε_r：约 25）和宽禁带（E_g：约 5.8 eV）的高质量隧穿绝缘层。Liu 等人[92]构建的 NiFe/ZrO_2（3 nm）/n-Si 光阳极具有 560 mV 的光电压，光电流起始电位为 1.04 V vs. RHE，偏压在 1.23 V vs. RHE 下光电流密度为 26.8 mA·cm^{-2}。Linic 等人[93, 94]将 HfO_2 绝缘层引入金属和 n-Si 的界面中，同样实现了光电压的优化，构建的 Ni/HfO_2（2.1 nm）/n-Si 光阳极[93]和 Ir/HfO_2（2 nm）/n-Si 光阳极[94]分别实现了 479 mV 和 480 mV 的光电压。Smith 等人[95, 96]将 Al_2O_3 薄层引入金属与 n-Si 之间，形成 MIS 结构的光阳极。构建的 Ni/Pt/Al_2O_3（1 nm）/SiO_x/n-Si 光电极实现了 490 mV 的光电压[95]。并且，他们研究了上层金属功函数（work function）、金属与绝缘层中内层金属的功函数对 MIS 结构的 n-Si 光阳极势垒高度和光电压的影响[96]。高功函数的表面金属可以实现更高的内置电势，而通过引入高功函数的内层金属，能够实现光电压的进一步提升（图 1-20）。Pt 金属的加入表现出最佳的光电压性能。

尽管这些 MIS 结构在一定程度上增大了光阳极的光电压，但其电压值仍远低于单晶硅的理论最大开路电压（约 700 mV）。究其原因，是由于绝缘的金属氧化物对电荷的提取具有一定的屏蔽作用，进而削弱了光电压的提升[97]。如图 1-21 中 Type 0 和 Type 1 两种类型的含绝缘层 n-Si 光阳极。Type 0 器件中载流子流动过程中将在半导体/绝缘层界面上积累空穴，但由于接触点的状态密度较低，电荷转移会受到很大限制。在 Type 1 器件中，适度的空穴积累足以有效地萃取出少数载流子，但光电压会随着绝缘体厚度的增加而降低。因此，有必要优化半导体与金属氧化物或催化层之间的界面能量，进一步提高光电压。

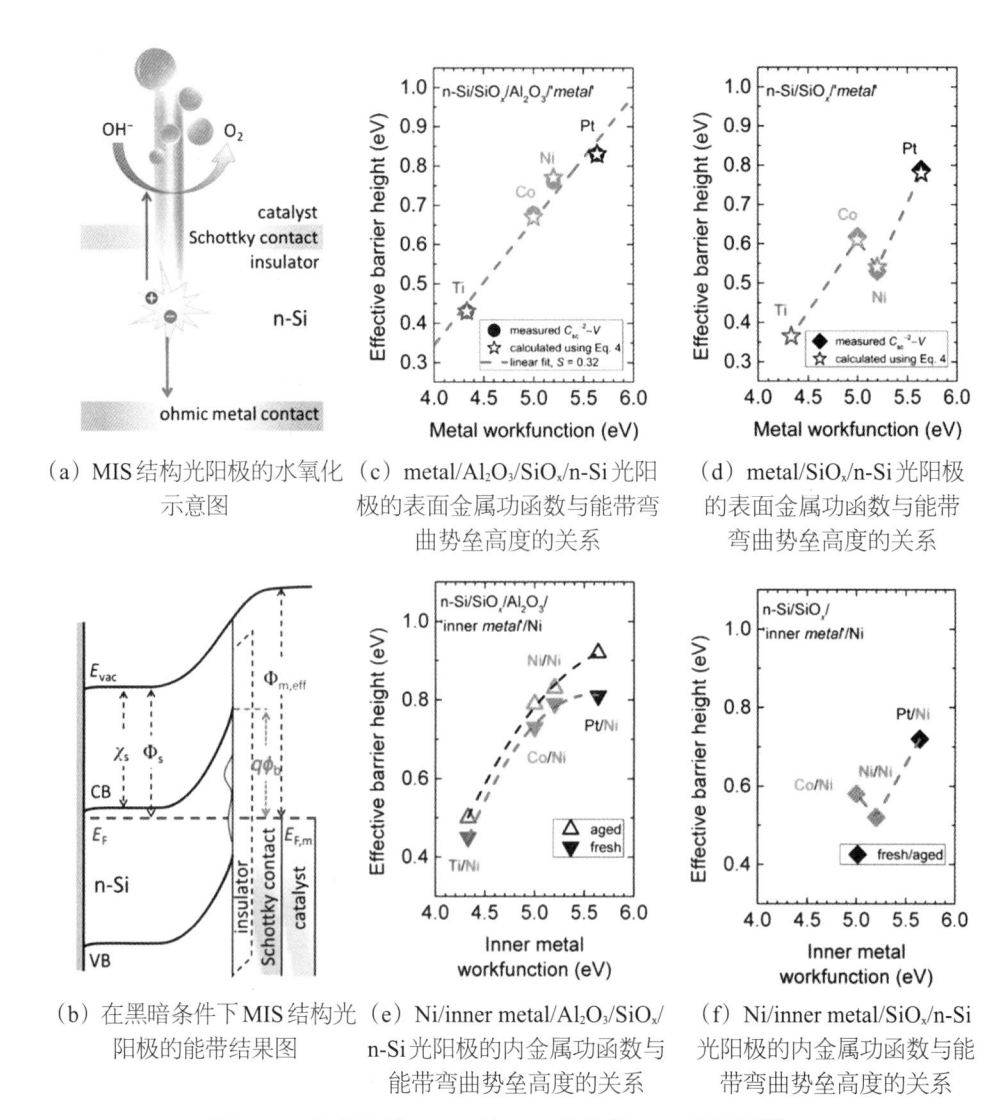

(a) MIS 结构光阳极的水氧化示意图

(b) 在黑暗条件下 MIS 结构光阳极的能带结果图

(c) metal/Al$_2$O$_3$/SiO$_x$/n-Si 光阳极的表面金属功函数与能带弯曲势垒高度的关系

(d) metal/SiO$_x$/n-Si 光阳极的表面金属功函数与能带弯曲势垒高度的关系

(e) Ni/inner metal/Al$_2$O$_3$/SiO$_x$/n-Si 光阳极的内金属功函数与能带弯曲势垒高度的关系

(f) Ni/inner metal/SiO$_x$/n-Si 光阳极的内金属功函数与能带弯曲势垒高度的关系

图 1-20　绝缘层为 Al$_2$O$_3$ 的 MIS 结构的 n-Si 光阳极[96]

n-Si 表面绝缘体薄层的沉积在一定程度上钝化了表面的缺陷态，但绝缘层的无定型状态降低了电荷的传导效率。Scheuermann 等人[98]通过对光电极的气体退火（gas anneal）处理，TiO$_2$ 由无定型转变为晶体型，增加了介电常数，并且进一步钝化了 n-Si 与自然形成的 SiO$_2$ 界面间的缺陷，使得 Ir/TiO$_2$/SiO$_2$/n-Si 光阳极实现了 623 mV 的光电压。除了气体退火的方式，n-Si 表面 PN 结的构建也可以在半导体与溶液之间形成更大的内建电场，获得更高的光电压。通过在 n-Si 表面掺杂高浓度的 B 离子形成埋藏的 p⁺n 型同质结，即 p⁺n-Si。当 MIS 结构的 n-Si 光阳极引入 p⁺的掺杂层后，会将表面空穴的提取障碍降到最低，减小绝缘层厚度对光电压的制约（图 1-21 中 Type 2）。构建的 Ir/TiO$_2$/SiO$_2$/p⁺n-Si 光阳极不会随着 TiO$_2$ 绝缘层厚度的变化（0～10 nm）而发生改变，而是保持高的恒定光电压，约 630 mV[97]。尽管这些方式已经将光电压提升至大于 600 mV 的理想状态，但 MIS 结构的复杂性以及高性能的获得往往需要 Pt、Ir 等贵金属的涂覆，这些都推高了 MIS 型光电极的器件成本。因而，选择半导体与廉价催化层直接耦合的方式，成为构建廉价光阳极器件的发展方向。

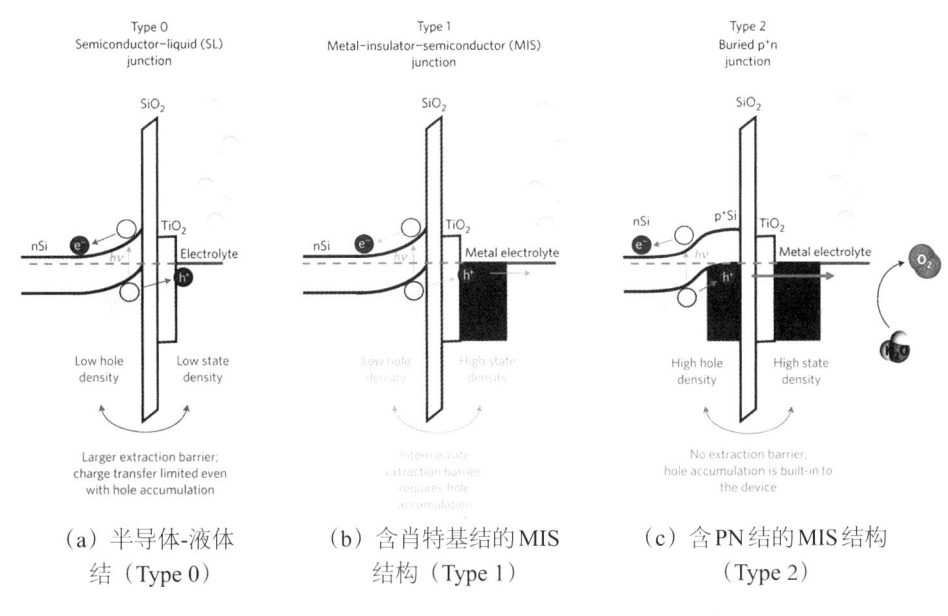

（a）半导体-液体结（Type 0）　　（b）含肖特基结的 MIS 结构（Type 1）　　（c）含 PN 结的 MIS 结构（Type 2）

图 1-21　含绝缘层的 n-Si 光阳极的三种结构示意图[97]

2013 年，Dai 等人[99]直接在 n-Si 上沉积一层约 2 nm 的 Ni 金属层。Ni 金属层具有提取空穴的能力，并且在 PEC 水氧化条件下 Ni 金属表面形成具有催化作用的 NiO 薄层。n-Si 表面缺陷的钝化由自然形成的 SiO$_x$ 完成。在 2 倍的标准太阳光下，构建的 NiO/Ni/SiO$_x$/n-Si 光阳极产生了约 500 mV 的光电压，光电流起始电位约为 1.1 V vs. RHE。尽管在 1.23 V vs. RHE 下产生的光电流密度仅为11.8 mA·cm^{-2}，但这实现了不增加额外绝缘层条件下光电流的产生。在此基础上，Shi等人[100]在p$^+$n-Si上沉积了一层约6 nm的NiFe合金薄膜。在一个标准太阳光下，构建的NiFeOOH/NiFe/SiO$_x$/p$^+$n-Si光阳极产生了620 mV的光电压，光电流起始电位为0.89 V vs. RHE。并且在1.23 V vs. RHE下产生30.7 mA·cm^{-2}的光电流密度，计算获得的HC-STH转换效率达到3.3%。若无特别说明，本书中的所有PEC性能测试都是在一个标准太阳光下进行的。这一高光电压和高转化效率n-Si光阳极的实现，证明了使用非贵金属薄层改善半导体与电解液界面的潜力。不足的是，在制备同质结的过程中涉及高能量、高温（约950℃），以及毒性源的掺杂或扩散，不利于器件的推广应用[101]。因此，通过低温沉积的方式，如电化学沉积（electrochemical deposition，ED）、旋涂（spin coating）、物理气相沉积（physical vapor deposition，PVD）等，在n-Si上直接沉积p型金属氧化物以形成异质结，为设计高性能n-Si光阳极提供了更多可能[61，65]。

p型透明导电氧化物（p-type transparent conducting oxides，p-TCOs），如NiO$_x$，CoO$_x$、SnO$_x$等，既保证了入射光到达光吸收层的强度，又可以作为空穴提取层注入空穴到光阳极表面［图1-22（a）］[102]。Lewis等人[104]利用反应溅射（reactively sputtered）的方式将NiO$_x$薄膜沉积在n-Si表面，厚度约为75 nm，实现了较高的饱和光电流密度，约30 mA·cm^{-2}［图1-22（b）、（c）］。但是，由于n-Si与p-NiO$_x$界面的能量并未优化到最佳状态，导致仅产生了180 mV较低的光电压。为了优化这一界面的能量，CoO$_x$薄层（约2 nm）被引入n-Si与NiO$_x$之间［图1-22（b）、（c）］[103]。构建的NiO$_x$/CoO$_x$/SiO$_x$/n-Si光阳极的光电压增加到565 mV，光电流起始电位仅0.99 V vs. RHE，并且在1.23 V vs. RHE下产生27.7 mA·cm^{-2}的光电流密度，计算获得的HC-STH转换效率达到2.7%。随后，单一的CoO$_x$薄膜也被利用原子层沉积技术直接沉积在n-Si表面，厚度约为50 nm[105]。构建的CoO$_x$/SiO$_x$/n-Si光阳极的光电压进一步增加到了575 mV，光电流起始电位减小到0.98 V vs. RHE。但由于 1.23 V vs. RHE 下产生光电流密度较低，仅 23.3 mA·cm^{-2}，计算获得的 HC-STH 转换效率仅 1.42%。为进一步提升 n-Si 光阳极的光电性能，SnO$_x$ 薄层被沉积在 n-Si 表面，实现 n-Si 表面的钝化和空穴的提取，并在表面沉积 Ni 金属催化剂，构建的 Ni/SnO$_x$/SiO$_x$/n-Si 光阳极产生 605 mV 的光电压，光电流起始电位降至 0.91 V vs. RHE，并且在 1.23 V vs. RHE 下产生 30.8 mA·cm^{-2} 的光电流密度，获得了 4.1% 的创纪录的 HC-STH 转换效率 [图 1-22（d）] [64]。由此可知，异质结的 n-Si 光阳极 PEC 水氧化效率已经超越了同质结的效率（3.3%）[100]。因此，更多异质结类型的开发将会为光电转化效率的进一步提升提供更多可靠路径。

(a) p-TCO/n-Si 光阳极的水氧化示意图[102]

(b) 反应溅射制备的 NiO$_x$/n-Si 光阳极的层状结构图

(c) 不同层状结构的 NiO$_x$/n-Si 光阳极的 J-V 曲线[103]

(d) Ni/SnO$_x$/SiO$_x$/n-Si 光阳极的 J-V 曲线[64]

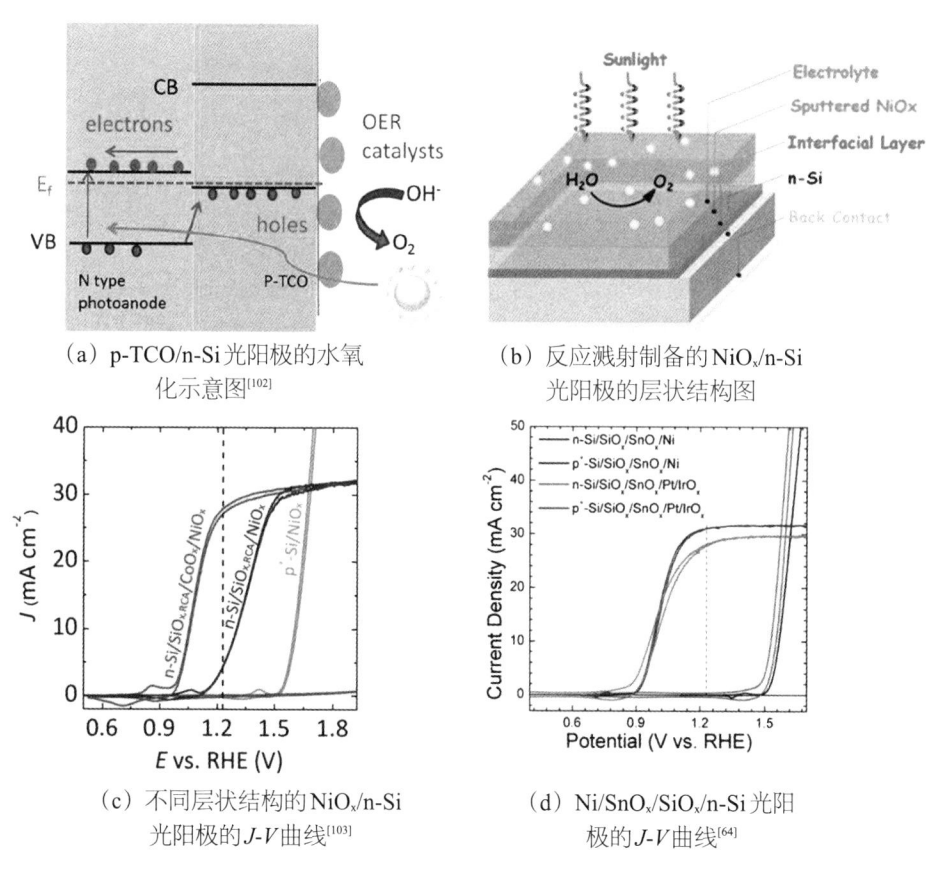

图 1-22　p 型金属氧化物与 n-Si 构建的 PN 型异质结

1.3.3 硅光阳极的稳定性研究

Si 半导体光吸收体易受电解液的化学腐蚀导致自身物理化学性质的不稳定。作为光阳极时，Si 表面在阳极电流作用下容易发生自氧化，形成绝缘的 SiO_2 钝化层。在酸性电解质中，该层会逐渐增厚，阻碍光生空穴参与水氧化 [图 1-23（a）]。相反，在碱性电解质中，形成的 SiO_2 会溶解，导致光阳极不断地受到侵蚀 [图 1-23（b）]。这种侵蚀为光生载流子创造了表面复合路径，甚至可能影响到深层的掩埋结[83, 106]。

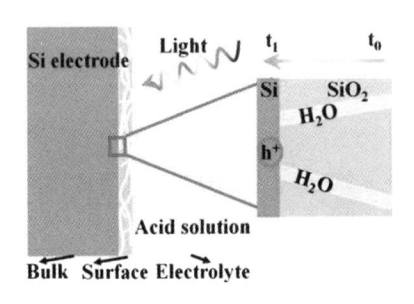

（a）在光照条件下，Si 光电极在酸性溶液中的表面氧化过程

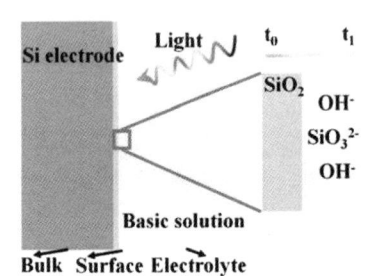

（b）在光照条件下，Si 光电极在碱性溶液中的表面氧化和溶解过程

图 1-23 Si 半导体光吸收体的化学腐蚀过程[85]

为了抑制表面的化学腐蚀，在 Si 半导体光吸收体表面覆盖一层同形的保护层将半导体与电解液物理分离，以减少结构元素的流失和表面缺陷的产生。Lewis 等人[104]在 n-Si 与 p-NiO_x 异质结的研究中，发现 NiO_x 碱性条件下的抗腐蚀性能够有效保护 n-Si 光阳极的光电性能。在 1.73 V vs. RHE 下，NiO_x/n-Si 光阳极可以实现超过 600 h 的光电流密度稳定。并且，在引入 Co-O_x 中间层后，NiO_x/CoO_x/SiO_x/n-Si 光阳极在 1.63 V vs. RHE 下可实现 1 500 h 的光电流密度稳定 [图 1-24（a）][103]。由此说明，CoO_x 薄层不仅优化了 n-Si 与 NiO_x 层间界面的能量，而且展现了比单一 NiO_x 薄膜更强的抗腐蚀性。这可能是由于普通溅射或沉积技术所获得的 NiO_x 薄膜中含有大量的针

孔，使得部分光吸收层暴露在电解液中，降低了保护效果，而通过原子层沉积技术获得的 CoO_x 薄层能够减少针孔现象的产生，提高薄膜的隔绝效果。因此，采用原子层沉积技术直接沉积单一 CoO_x 薄膜的 n-Si 光阳极实现了 1.93 V vs. RHE 下 2 400 h 的光电流密度稳定［图1-24（c）］，达到了 PEC 水分解商业化的基本要求[105]。即便如此，高偏压下饱和电流的长期稳定无法掩盖稳定性测试前后 n-Si 光阳极性能严重衰减的问题，如 $NiO_x/CoO_x/SiO_x$/n-Si 光阳极[103]在稳定性测试前后 HC-STH 转换效率由 2.20% 降至 0.74%［图1-24（b）］；CoO_x/SiO_x/n-Si 光阳极[105]在稳定性测试前后 HC-STH 转换效率由 1.42% 降至 1.05%［图1-24（d）］。这些衰减可能源于保护层中针孔现象的无法完全避免或者表面催化活性物种的流失。

（a） $NiO_x/CoO_x/SiO_x$/n-Si 光阳极在 1.63 V vs. RHE 的偏压下测试的光电流密度稳定性

（b） $NiO_x/CoO_x/SiO_x$/n-Si 光阳极在稳定性测试过程中不同时间的 J-V 曲线[103]

（c） CoO_x/SiO_x/n-Si 光阳极在 1.93 V vs. RHE 的偏压下的测试的光电流密度稳定性

（d） CoO_x/SiO_x/n-Si 光阳极在稳定性测试过程中不同时间的 J-V 曲线[105]

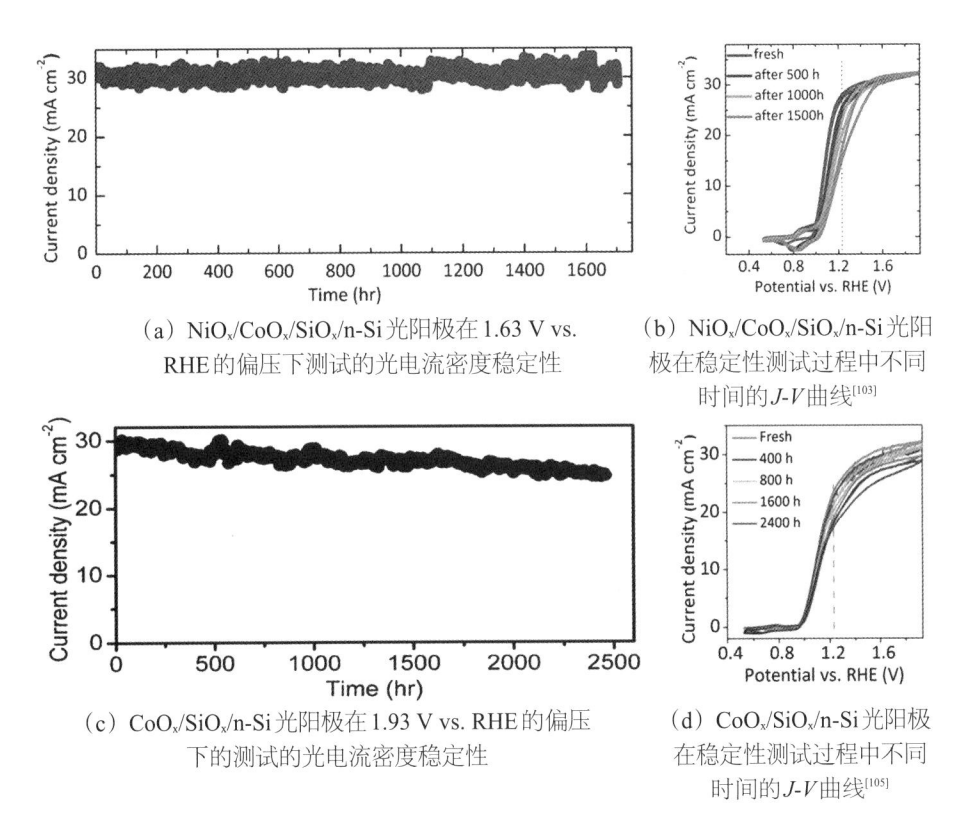

图1-24　表面保护层的添加对 n-Si 光阳极稳定性的影响

近期，自修复（self-healing）的概念被引入 PEC 水分解的研究中，这为光电极器件稳定性的提升提供了一条重要路径。材料的自修复是一种材料损伤管理中的概念，在没有或有外部输入（如能量、压力、化学治愈剂）的情况下，通过"消除"或"愈合"损伤的自主过程来抵消损伤造成的影响[107]。自修复材料的发展已经涉及仿生材料、金属材料、储能器件、柔性器件等众多领域[108-112]。在催化领域，受植物叶绿体中光系统Ⅱ（photosystem Ⅱ）修复循环的启发，自修复机制开始被用于人工光合作用水分解的研究[5, 8, 113, 114]。

其中，Lewis 等人[115, 116]对 Si 半导体光吸收体表面保护层的自修复机制进行了研究。在光照下，表面形成 SiO_x 氧化层的速率比腐蚀速率快 2～3 个数量级，这将电解液对光吸收层的腐蚀降到最低，但在开路和黑暗状态下，由于保护层无法快速形成，导致针孔处的腐蚀效率大大增加[115]。为了应对这一问题，Lewis 等人[115]提出了一种在开路和黑暗状态下原位修复 p^+n-Si 光阳极未受保护区域的解决方案，即一种外在自修复机制（extrinsic self-healing mechanism）。这种自修复机制依赖于电解液中外部修复剂（external healing agent：$[Fe(CN)_6]^{3-}$）的添加［图 1-25(a)］。这种添加剂对 PEC 水氧化性能的影响微乎其微。$[Fe(CN)_6]^{3-}$的存在促进了 SiO_x 层的形成，其密度可能高于阳极氧化所形成的 SiO_x 膜。在这种保护性电解质中，裸的 p^+n-Si 表面的腐蚀速率降低了 180 多倍。在含有 10 mM $[Fe(CN)_6]^{3-}$的 1.0 M KOH 中，μNi/p^+n-Si 光阳极至少在 288 h（约 12 个昼夜循环）内保持稳定，而在 1.0 M KOH 中运行 120 h（第五个昼夜循环）后，光阳极完全失效［图 1-25(c)］。对于覆盖有金属氧化物保护层的 p^+n-Si 光阳极，在溶液中添加外部修复剂也可以实现保护层针孔处的自修复［图 1-25(b)］[116]。在含有 O_2 的 1 M KOH 溶液中对 NiO_x/p^+n-Si 光阳极进行了 PEC 水分解测试。他们发现，NiO_x 层的针孔被形成的 SiO_x 填满，从而降低了光电极的腐蚀效率［图 1-25(d)］。保护层的外在自修复机制大大提高了 NiO_x/p^+n-Si 光阳极在实际不同日照条件下长达 402 h 的整体稳定性。尽管由于 SiO_x 层的不可逆溶解，Si 半导体光吸收体的腐蚀在这些外在自修复过程中无法完全消除，但这些过程的原位修复特性为显著提高光电极的稳定性提供了一种创新方法。

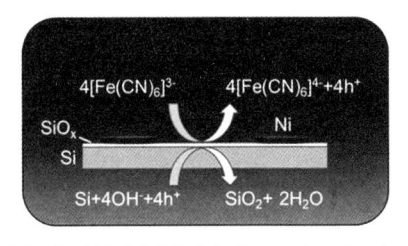

(a) 在碱性电解液中加入[Fe(CN)$_6$]$^{3-}$，Ni岛状颗粒/n-Si光阳极在开路、黑暗条件下实现自修复[115]

(b) 在碱性电解液中通入O$_2$，NiO$_x$/n-Si光阳极在开路、黑暗条件下实现自修复[116]

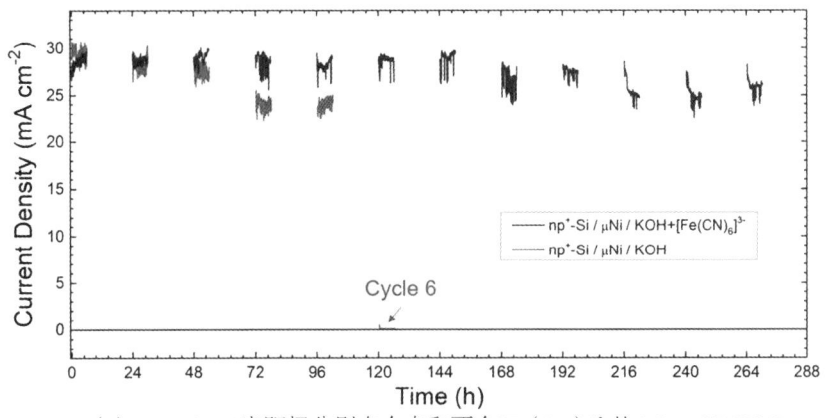

(c) μNi/p$^+$n-Si光阳极分别在含有和不含[Fe(CN)$_6$]$^{3-}$的1.0 mol/L KOH中昼夜交替的稳定性[115]

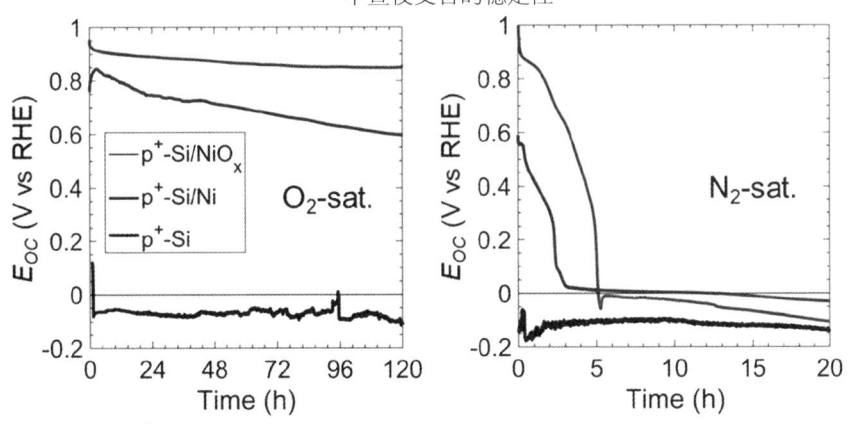

(d) 在含饱和O$_2$或N$_2$的1 mol/L KOH溶液中，p$^+$-Si、Ni/p$^+$-Si和NiO$_x$/p$^+$-Si电极在黑暗中的开路电位与时间的关系[116]

图1-25　n-Si光阳极表面保护层的外在自修复机制

随着时间的推移，助催化剂在水分解过程中会因恶劣的电解质环境等因素而发生降解，导致催化性能和光电极的整体效率下降。自修复机制为延长助催化剂的使用寿命提供了有效策略。2008年，Kanan等人[117]首次报道了一种具有内在自修复特性（intrinsic self-healing mechanism）的Co-Pi水氧化催化剂。在对电极进行氧化极化时，这种催化剂可在含有Co^{II}离子的磷酸盐缓冲溶液（pH值为7）中原位形成。其基本机理被描述为：在水氧化过程中Co物种的浸出和在施加电位时Co离子的重新沉积之间的动态平衡[118]。这种动态平衡确保了催化剂薄膜的稳定性。从那时起，许多在电化学水分解中具有内在自修复特性的催化剂被广泛地研究。这些研究主要涉及第一排过渡金属氧化物体系，包括Co、Ni、Mn、Cu等单金属元素，以及NiFe、CoFe、NiCoFe等混合金属组合[114, 119, 120]。在这些研究中，大多数自修复机制的成功范例是在温和电解质环境中实现的，对于强碱性条件下使用的过渡金属基催化剂仍然是一项挑战。事实证明，在强碱性条件下，简单地向溶液中添加Fe离子很难实现NiFe基OER催化剂的自修复。这是因为在OER电位下Fe的再沉积效率较低（低于1.6 V vs. RHE），无法完全补充失去的Fe活性中心［图1-26(a)、(c)］。为了应对这一挑战，作者所在团队[121]利用Co原子在Fe^{II}/Fe^{III}物种氧化过程中的催化作用，实现了工作条件下Fe物种的内在自修复［图1-26(d)］。这种方法使NiCoFe-B_i催化剂在强碱性条件下（pH值为14）具有超过1 000 h的电化学稳定性［图1-26(e)、(f)］。在该系统中，电解质中同时存在Fe^{II}离子和硼酸根离子对实现自修复至关重要。在PEC水分解中，自修复机制已被用于与$BiVO_4$光吸收层耦合的助催化剂上，并实现了光阳极的长期稳定[79, 122, 123]。因此，自修复机制为解决n-Si光阳极表面因活性物种损失所造成的光电性能下降问题提供了的思路。

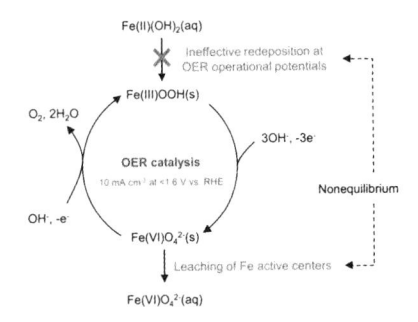

(a) NiFe基催化剂自修复失效的潜在机制

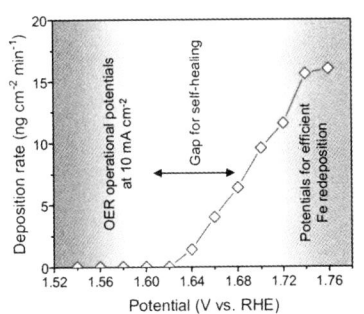

(b) 在pH值为14、含50 μM Fe^{II}离子的KB$_i$电解液中，不同电位下电化学石英微晶天平（electrochemical quartz crystal microbalance，EQCM）上FeOOH物种的沉积速率

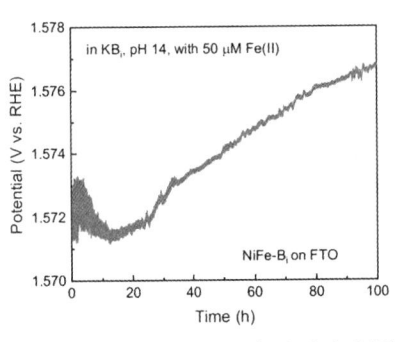

(c) 以10 mA·cm^{-2}的恒电流密度测量NiFe-B$_i$催化剂100 h的稳定性

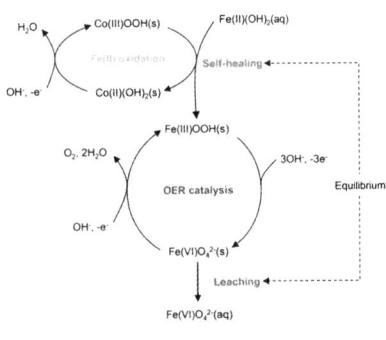

(d) NiCoFe-B$_i$催化剂实现自修复的潜在机制

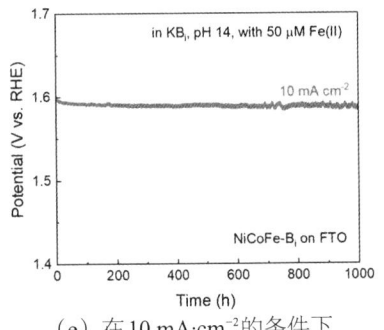

(e) 在10 mA·cm^{-2}的条件下，对FTO基底上的NiCoFe-B$_i$催化剂进行1 000 h的稳定性测试

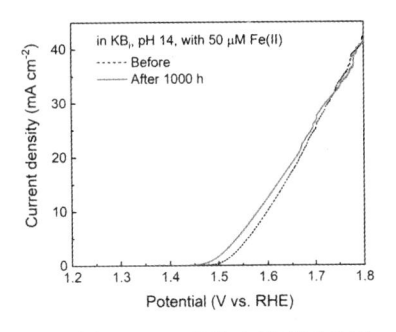

(f) 1 000 h的稳定性测试前后NiCoFe-B$_i$催化剂的J-V曲线

图1-26　NiCoFe-B$_i$　OER催化剂的内在自修复机制[121]

1.4 本书的主要研究内容

PEC水分解技术是将太阳能转化为绿色、可持续氢能源的理想途径之一。实现PEC水分解商业化的关键在于开发出廉价、高效且长期稳定的水分解系统。PEC水分解的效率受到半导体材料的光吸收效率、光生载流子的分离效率和传导效率，以及表面水分解效率的共同影响，而PEC水分解的稳定性受到电解液环境、外加偏压或光电压对光电极上各组件的影响。相较于光阴极上的质子还原反应，光阳极上的水氧化反应因为需跨越更大的能量势垒而成为全解水反应的主要瓶颈。因此，针对廉价光阳极器件的表面和界面能量调控以及防腐蚀处理成为了PEC水分解研究的重中之重。

在各类光阳极材料中，n-Si半导体因其地球储量丰富、太阳光谱吸收范围广（E_g为1.1 eV）和可大规模工业化生产的优势，被视为PEC水分解的有力候选材料。然而，其能带位置不利于水氧化反应，且在极端电解液环境中易受腐蚀，导致光电压较小、光电流起始电位较高以及光电稳定性较差。为了改善这些不足，通常需要在n-Si光阳极表面负载具有空穴提取作用的保护层和具有高催化活性的助催化剂层。但表面助催化剂内在活性的不稳定性以及半导体光吸收层与提取层之间界面能量的不匹配，限制了n-Si光阳极在水分解中的稳定性和效率进一步提升。因此，实现高效且长期稳定的n-Si光阳极的关键在于优化表面空穴提取层的提取效果和保护作用、提升表面助催化剂的催化活性和稳定性，以及优化半导体光吸收层与提取层之间的界面能量。本书的研究思路和技术路线如图1-27所示。

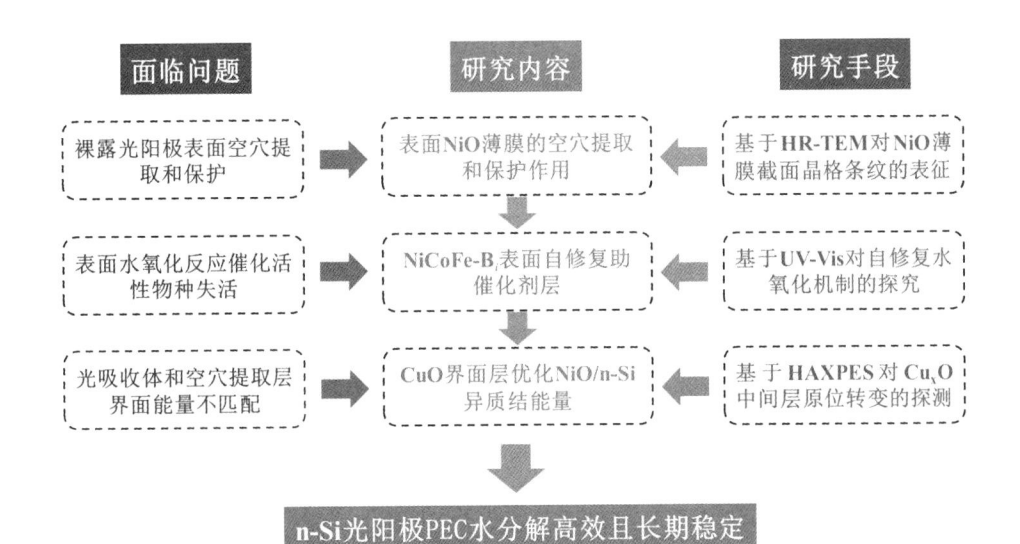

```
面临问题                  研究内容                  研究手段
┌─────────────┐      ┌─────────────┐      ┌─────────────┐
│裸露光阳极表面空穴提 │ ───► │表面NiO薄膜的空穴提取│ ◄─── │基于HR-TEM对NiO薄 │
│取和保护          │      │和保护作用        │      │膜截面晶格条纹的表征│
└─────────────┘      └─────────────┘      └─────────────┘

┌─────────────┐      ┌─────────────┐      ┌─────────────┐
│表面水氧化反应催化活│ ───► │NiCoFe-B表面自修复助│ ◄─── │基于UV-Vis对自修复水│
│性物种失活        │      │催化剂层          │      │氧化机制的探究    │
└─────────────┘      └─────────────┘      └─────────────┘

┌─────────────┐      ┌─────────────┐      ┌─────────────┐
│光吸收体和空穴提取层│ ───► │CuO界面层优化NiO/n-Si│ ◄─── │基于HAXPES对Cu₂O  │
│界面能量不匹配    │      │异质结能量        │      │中间层原位转变的探测│
└─────────────┘      └─────────────┘      └─────────────┘
                              │
                              ▼
                   ┌─────────────────────┐
                   │n-Si光阳极PEC水分解高效且长期稳定│
                   └─────────────────────┘
```

图 1-27　本书的研究思路和技术路线图

本书主要的研究内容概述如下。

（1）主要研究了通过电子束蒸发技术 (electron beam evaporation, E-Beam) 制备的 NiO 薄膜对 n-Si 光吸收层的空穴提取和保护作用。通过电子束蒸发技术在 n-Si 光阳极表面沉积了一层均匀、致密且晶格排列规则的 p 型 NiO 薄膜，成功构建了 NiO/n-Si 异质结。该结构在 n-Si 表面形成了向上的能带弯曲，有效促进了光生载流子的分离和空穴的提取。同时，晶格有序排列的 NiO 薄膜显著提升了空穴注入光电极表面并参与水氧化反应的效率。与反应溅射制备的 NiO/n-Si 光阳极相比（在 1.23 V vs. RHE 偏压下无光电流响应），电子束蒸发技术构建的 NiO/n-Si 光阳极展现出更优异的 PEC 活性（在 1.23 V vs. RHE 偏压下光电流密度为 29.0 mA·cm^{-2}）。此外，与反应溅射制备的 NiO 薄膜相似的是，电子束蒸发技术制备的 NiO 薄膜同样对 n-Si 光吸收层具有出色的保护作用，实现了长达 60 h 的饱和光电流密度稳定，尽管光电流起始电位发生了不可避免的正向偏移。

（2）针对 NiO/n-Si 光阳极在稳定性测试过程中出现的饱和光电流稳定，但光电流起始电位增大所导致的 PEC 活性衰减问题进行了深入研究。

在已研究的自修复NiCoFe-B$_i$ OER催化剂的基础上，利用其独特的高内在催化活性、超长自修复稳定性、与光吸收体兼容的合成路线、高光透过率，以及薄膜厚度自限性等特性，与NiO/n-Si光阳极进行了有效耦合。这不仅实现了n-Si光阳极的PEC活性显著提升（HC-STH效率从1.54%提升至约2.00%），而且该效率在长达100 h的测试中保持了稳定。这一突破性的进展解决了n-Si光阳极稳定性测试中常见的饱和电流密度稳定而光电流起始电位发生正向偏移的PEC活性衰减难题。此外，通过在溶液中Fe^{II}预沉积离子的探测和首次实现在工况下水溶液中Fe^{VI}活性中间体的直接探测，进一步揭示并完善了提升NiO/n-Si光阳极稳定性和活性的自修复机制。具体而言，NiO/n-Si光电极的稳定性提升主要归功于Co对Fe^{II}离子的氧化沉积过程，而其活性的提升则依赖于高价态Fe^{VI}物种的生成。

（3）通过改善n-Si光吸收层与NiO空穴提取层之间的界面能量，进一步提升PEC的活性和稳定性。为此，在NiO/n-Si界面中引入了一个Cu$_x$O中间层，并利用硬X射线光电子能谱（hard X-ray photoelectron spectroscopy，HAXPES）进行了深入研究。研究结果显示，随着电极在空气中暴露时间的增加，Cu$_x$O中间层中的Cu$_2$O会逐渐转化为CuO，从而使NiO/n-Si异质结的能带弯曲变大，增加了光照条件下的光电压。这一转变导致NiCoFe-B$_i$/NiO/Cu$_x$O/n-Si光阳极的PEC活性得到了显著提升。基于这一重要发现，开发了一种反应电子束蒸发工艺，用于直接沉积CuO界面层薄膜。经过优化后的NiCoFe-B$_i$/NiO/CuO/n-Si光阳极展现出了创纪录的4.56%的HC-STH效率，并在长达100 h的测试中保持了高效率。

第二章

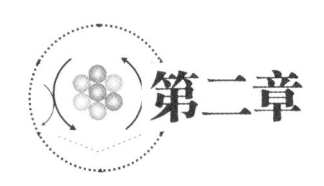

实验部分

本章主要介绍了 n-Si 光阳极在表面和界面调控中所涉及的实验药品和制备流程,并简要介绍了对 n-Si 光阳极进行形貌、性能、成分、光谱、能谱表征过程中所使用的各种仪器及相关操作过程。

2.1 实验药品和实验仪器

2.1.1 实验药品

实验中所使用的耗材、药品及试剂见表2-1所列。

表2-1 实验的耗材、药品及试剂

试剂及药品	化学式（简写）	纯度（规格）	生产厂家
n型硅	n-Si	N<100>	浙江立晶光电科技有限公司
p^{++}型硅	P^{++}-Si	P^{++}<111>	浙江立晶光电科技有限公司

续表

试剂及药品	化学式（简写）	纯度（规格）	生产厂家
氟掺杂氧化锡导电玻璃	FTO	A22-85	中国耀科光电
金箔	Au	厚度0.1 mm	北京中诺新材科技有限公司
石英	Quartz	30 mm³× 30 mm³ × 1 mm³	北京中诺新材科技有限公司
氧化镍	NiO	99.9%	北京中诺新材科技有限公司
氧化亚铜	Cu_2O	99.9%	北京中诺新材科技有限公司
铟-镓合金	In-Ga Alloy	60:40 wt%	上海阿拉丁试剂有限公司
银浆	—	MMITO800，85%	上海阿达玛斯试剂有限公司
铜芯导线	—	AV0.5/BV0.2 mm²	南京安通线缆科技有限公司
银	Ag	99.999%	北京中诺新材科技有限公司
铟	In	99.995%	北京中诺新材科技有限公司
铂丝	Pt	99.999%	北京中诺新材科技有限公司
汞/氧化汞电极	Hg/HgO	R501	上海越磁电子科技有限公司
银/氯化银电极	Ag/AgCl	R218	上海越磁电子科技有限公司
环氧树脂	—	AB胶	美国 Araldite
钽坩埚		99.99%	加拿大 Angstrom Engineering
石墨坩埚		99.99%	加拿大 Angstrom Engineering
晶振片	—	INFICON	北京中诺新材科技有限公司
质子交换膜	PEM	Nafion 117	美国 DoPont
阴离子交换膜	AEM	Sustainion X37-50	美国 Dioxide Materials
精密清洗剂	H_2O	1104-1	美国 Alconox
去离子水	—	Milli-Q超纯水	德国 Merck
乙醇	C_2H_6O	99.7%	北京迈瑞达科技有限公司
丙酮	C_3H_6O	99.5%	成都科隆化学品有限公司

续表

试剂及药品	化学式（简写）	纯度（规格）	生产厂家
异丙醇	C_3H_8O	99.5%	成都科隆化学品有限公司
硝酸	HNO_3	68%	成都科隆化学品有限公司
盐酸	HCl	37%	成都科隆化学品有限公司
氢氟酸	HF	49 wt%	上海阿拉丁试剂有限公司
氢氧化钾	KOH	≥90%	上海阿达玛斯试剂有限公司
硼酸	H_3BO_3	≥99.5%	上海阿达玛斯试剂有限公司
硝酸钴	$Co(NO_3)_2·6H_2O$	99.99%	上海阿拉丁试剂有限公司
硫酸亚铁	$FeSO_4·7H_2O$	99.95%	上海阿拉丁试剂有限公司
硫酸铁	$Fe_2(SO_4)_3·xH_2O$	97%	上海阿拉丁试剂有限公司
硫酸镍	$NiSO_4·6H_2O$	99.99%	上海阿拉丁试剂有限公司
正己醇	$C_6H_{14}O$	99%	上海阿拉丁试剂有限公司
红菲咯啉	$C_{24}H_{16}N_2$	—	上海阿拉丁试剂有限公司
乙酸钠	$C_2H_3NaO_2$	99%	上海阿拉丁试剂有限公司
盐酸羟胺	$H_2NOH·HCl$	99%	上海阿拉丁试剂有限公司
过氧化氢	H_2O_2	7%-8%	上海泰坦科技股份有限公司
氮气	N_2	≥99.999%	成都液化空气有限公司
氩气	Ar	≥99.999%	成都液化空气有限公司
氧气	O_2	≥99.999%	成都液化空气有限公司

2.1.2 实验仪器

实验中所使用的仪器见表2-2所列。

表2-2 实验仪器

仪器名称	型号（规格）	生产厂家
电子束蒸发系统	AMOD	加拿大 Angstrom Engineering
电子分析天平	GP224C	美国 OHAUS
超声清洗仪	ASU-20	日本 AS ONE
AAA级太阳光模拟器	XES-40S3-TT	日本 SAN-EI Electronics
标准太阳能电池	AK-200	日本 Konica-Minolta
电化学工作站	SP-200	法国 Bio-Logic
恒温水循环器	HX-105	北京长流科学仪器有限公司
质量流量控制器	8500	日本 KOFLOC
气相色谱仪	GC-2014	日本 Shimadzu
氙灯单色光源	Sirius 300P	北京卓立汉光仪器有限公司
单晶硅标准太阳能电池	AK-200	日本 Konica-Minolta
标准光电探测器	PDS1010-CAL	美国 Thorlabs
pH酸碱试剂	FE28	瑞士 FiveEasy Plus
扫描电子显微镜	JSM 7001	日本 JEOL
X射线光电子能谱	PHOIBOS 150	德国 SPECS
紫外光电子能谱	UVS 10/35	德国 SPECS
透射电子显微镜	JEM 2100F	日本 JEOL
硬X射线光电子能谱	Quantes	日本 PHI
紫外可见分光光度计	UV-2600	日本 SHIMADZU
电感耦合等离子体-质谱	NexION 350	美国 PerkinElmer

2.2 样品的制备

2.2.1 硅光阳极的制备

将单面抛光的P元素掺杂的n型硅片（n-Si，<100>，厚度500 μm，ρ = 0.5~1 $\Omega\cdot$cm）或者B元素重掺杂的p型硅片（p^{++}-Si，<111>，厚度500 μm，ρ = 1 m$\Omega\cdot$cm）切割成10 mm^2 × 10 mm^2 的小块，再用丙酮和异丙醇溶液分别超声清洗硅基片10 min，使用N$_2$喷枪将清洗后的硅基底吹干。然后，使用电子束蒸发技术，以NiO颗粒为靶材源，在硅基底上沉积一层薄的氧化镍薄膜，沉积速率为1 Å/s。为了制备具有Cu$_x$O中间层的光阳极，在沉积NiO层之前，使用Cu$_2$O颗粒作为靶材源，通过电子束蒸发沉积了一次超薄的Cu$_x$O薄膜，沉积速率为0.2 Å/s。在电子束蒸发反应沉积CuO层时，以5 sccm、10 sccm、17 sccm的流速将O$_2$气体引入沉积室，对应的腔室工作压力分别约为9.2 × 10^{-5} Torr、1.6 × 10^{-4} Torr和2.1 × 10^{-4} Torr。为了形成背电极的欧姆接触，用20% HF水溶液蚀刻硅基底的背面。在经过去离子水清理后，将In-Ga液态合金涂在刚蚀刻的表面上。硅基底的背面用银浆与铜线连接，然后用环氧树脂将金属部分完全封装。经测量，光阳极的有效面积约为0.9 cm^2。

2.2.2 FTO电极的制备

FTO导电玻璃基底依次使用精密洗涤剂、去离子水、丙酮和异丙醇溶液对其进行超声波清洗，每次 15 min。清洗后的 FTO 导电玻璃基底使用 N_2 喷枪吹干。考虑到导线与 FTO 基底的接触电阻，通过使用电子束蒸发技术在 FTO 基底边缘沉积一层宽 1 mm，厚度为 100 nm 的 Ag 薄膜。然后，使用金属 In 将一根铜线与镀有 Ag 薄膜的 FTO 边缘部分进行焊接。焊接后，将暴露的金属部分用环氧树脂进行封装。FTO 电极的暴露面积约为 1.1 cm^2。

2.2.3 金电极的制备

金箔电极依次使用精密洗涤剂、去离子水、丙酮和异丙醇溶液对其进行超声波清洗，每次 15 min。清洗后的金箔使用 N_2 喷枪吹干。使用金属 In 将金箔背面与铜线焊接在一起，然后用环氧树脂将背面封装。除非另有说明，否则用于电催化性能测试的金电极暴露面积为 0.25 cm^2。在电化学沉积催化剂之前，用体积比 1:3 的浓 HNO_3 和浓 HCl 混合溶液对金电极表面进行清洗，时间为 10 s，随后用去离子水将表面彻底冲洗干净。

2.2.4 NiFe-B_i 和 NiCoFe-B_i 催化剂的电化学沉积

含硼酸根插层的 NiFeOOH（Boride-intercalated NiFeOOH，NiFe-B_i）催化剂或含硼酸根插层的 NiCoFeOOH（Boride-intercalated NiCoFeOOH，NiCoFe-B_i）催化剂是在含有 Ni、Fe 离子或 Ni、Co、Fe 离子的硼酸钾 [$(K_2B_4O_5(OH)_4$，$KB_i)$] 缓冲液中电化学沉积在 FTO 导电基底或金箔表面的。浓度为 0.25 M 的 KB_i 缓冲液是用 1 M H_3BO_3 与 0.5 M KOH 混合配制而成的，随后加入 KOH 将 KB_i 缓冲液的 pH 值调至 10。催化剂沉积前，在磁力搅拌下用 Ar 排出缓冲溶液的 O_2，至少 10 min。在 Ar 鼓泡和磁力搅拌下向

KB$_i$缓冲溶液中加入 2 mM NiSO$_4$·6H$_2$O 和 0.8 mM FeSO$_4$·7H$_2$O 溶液，用来沉积 NiFe-B$_i$ 催化剂。KB$_i$ 缓冲液中增加 0.5 mM Co(NO$_3$)$_2$·6H$_2$O 溶液可以用来沉积 NiCoFe-B$_i$ 催化剂。电化学沉积在三电极配置的电化学工作站上进行的，参比电极为 Ag/AgCl，对电极为铂丝。由于 NiFe-B$_i$ 催化剂和 NiCoFe-B$_i$ 催化剂在低电流密度下的沉积速率不同[121]，前者在 1 mA·cm^{-2} 的恒定电流密度下沉积 8 min，而后者在 20 μA·cm^{-2} 的恒定电流密度下沉积 8 min。电沉积完成后，在进行 OER 测试前用去离子水彻底冲洗电极。

2.2.5　NiCoFe-B$_i$ 助催化剂的光辅助电化学沉积

NiCoFe-B$_i$ 助催化剂是在含有 Ni、Co 和 Fe 离子的 KB$_i$ 缓冲液中光辅助电化学沉积（photo-assisted electrochemical deposition）在 n-Si 光阳极表面的。KB$_i$ 缓冲液的制备条件和方式与 NiCoFe-B$_i$ 催化剂的电化学沉积过程一致。在整个沉积过程中，Ar 鼓泡和磁力搅拌都是不间断的。然后，在 KB$_i$ 缓冲溶液中依次加入 0.5 mmol/L 的 Co(NO$_3$)$_2$·6H$_2$O、2 mmol/L 的 NiSO$_4$·6H$_2$O、0.8 mmol/L 的 FeSO$_4$·7H$_2$O 溶液。光辅助电化学沉积是在三电极配置的电化学工作站上进行的，参比电极为 Ag/AgCl，对电极为铂丝。在模拟太阳光照射下，使用恒定电流密度在 n-Si 光阳极上沉积 NiCoFe-B$_i$ 催化剂 10 min。沉积后，在进行 PEC 测试前用去离子水彻底冲洗电极。

2.3 样品的表征

2.3.1 形貌表征

样品表面的形貌图像由扫描电子显微镜(scanning electron microscope,SEM)拍摄。横截面的扫描透射电子显微镜(scanning transmission electron microscope,STEM)和高分辨电子显微镜(high-resolution transmission electron microscope,HRTEM)图像,以及元素能谱(energy-dispersive X-ray spectroscopy,EDS)图像是使用配备EDS检测器的透射电子显微镜(transmission electron microscope,TEM)拍摄的。为了进行TEM观察,光电极被分成四块(每块5 mm^2 × 5 mm^2),其横截面由环氧树脂粘合,并通过标准机械样品制备流程进行处理,最后在掠入射小于5°的条件下,通过Ar离子研磨和抛光完成。

2.3.2 光电化学表征

在以Hg/HgO为参比电极、铂丝为对电极的三电极PEC电解池中,使用电化学工作站对n-Si光阳极进行PEC水分解性能表征(图2-1)。为防止阳极反应室中的Fe离子沉积在对电极上,也防止从对电极浸出的Pt离子沉积在工作电极上,需用质子交换膜将阳极和阴极反应室隔开。光阳极在含有0.25 M KB$_i$和50 μM FeSO$_4$的KOH电解液(pH值为14)中进行测试,测

试的溶液温度 T 为 283 K。电解液通过直径为 5 μm 的胶囊过滤器过滤，以去除沉淀的 $Fe(OH)_3$ 颗粒，从而减少光散射现象。使用 AAA 级太阳能模拟器作为 AM 1.5G 模拟太阳光源，并使用 Konica-Minolta AK-200 太阳能标准电池将光强校准为 100 mW·cm^{-2}。在磁力搅拌下，以 10 mV·s^{-1} 的扫描速率记录了从负电位到正电位的线性扫描伏安图（J-V 曲线）。测量到的与 Hg/HgO 电极相关的电位（$E_{Hg/HgO}$）可以根据能斯特方程（Nernst equation）转换成 RHE 标度（E_{RHE}）。

$$E_{RHE} = E_{Hg/HgO} + E^0_{Hg/HgO} + \frac{2.303RT}{F}\text{pH} \qquad (2\text{-}1)$$

其中，Hg/HgO 电极的标准电极电势 $E^0_{Hg/HgO}$ 为 0.098 V；理想气体常数 R 为 8.314 J·mol^{-1}·K^{-1}。根据 J-V 曲线可计算出 HC-STH 效率，计算式为公式（1-20）和公式（1-21），其中 V_{bias} 是与 RHE 相关的电位值。光电极的稳定性是在 1.2 V vs. RHE 下使用计时电流法（chronoamperometry）测量得到的。开路状态下，可测量光电极在开关灯时开路电压（open-circuit potential, V_{OCP}）的变化。在一个标准太阳光下，以 1.0 V vs. RHE 的电压在 500 mHz～1 MHz 的频率范围内进行了光电化学阻抗谱（photoelectrochemical impedance spectroscopy, PEIS）测试。在黑暗条件下，以 100.0 kHz 的频率和 10 mV 的交流振幅进行了固体电极的莫特-肖特基（Mott-Schottky, M-S）测量。

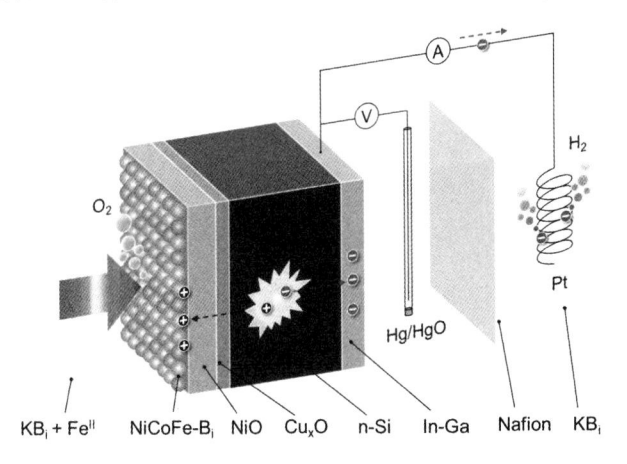

图 2-1　PEC 水分解器件的示意图

IPCE曲线是在1.20 V vs. RHE的电位下，使用氙灯单色光源以10 nm为间隔，从360~1 100 nm测量获得的。每个波长的IPCE值可通过公式（1-23）获得。单色光的辐照强度是通过测量Thorlabs PDS1010-CAL标准电池获得的。

PEC水分解产生的O_2量是通过气相色谱法（gas chromatography，GC）测量获得的。测试过程是在一个带有气体入口和出口的密封PEC电解槽中进行的。测试前，用Ar去除溶解在电解质和顶部空间（体积为20 mL）中的空气。测试期间，使用KOFLOC 8500的质量流量控制器将Ar流量保持在10 sccm。PEC测试在一个标准太阳光下以1.20 V vs. RHE的恒定电压进行。PEC电解槽出口处的O_2浓度由气相色谱仪进行分析。假设法拉第效率为100%，则可根据光电流计算出理论上产生的O_2量。实际产生的O_2量是通过测量O_2浓度得出的。实际法拉第效率由实际产生的O_2量与理论产生的O_2量之比得出。

2.3.3 电化学表征

催化剂的电化学表征在H型电解槽中进行（图2-2）。由于电解水产生的电流较大，因此选用阴离子交换膜将阳极和阴极反应室隔开，以防止Fe离子沉积在对电极上和Pt离子沉积在工作电极上。H型电解槽的进出水口与恒温水循环器相连，可将电解液的温度T保持在293 K。以Ag/AgCl为参比电极，铂丝为对电极，在三电极配置下使用电化学工作站对电化学性能进行测量。电解液使用pH值为14或14.9的KB_i溶液。pH值为14的KB_i溶液与PEC测试所使用的溶液一致。pH值为14.9的KB_i溶液的制备方法是将1 M H_3BO_3与10 M KOH混合，生成含有0.25 M KB_i和9.5 M KOH的混合溶液。阳极室和阴极室的电解液体积分别为300 mL。在常规的测试中，需要

在进行电化学水分解前向 KB$_i$ 电解液中添加新鲜制备的 FeSO$_4$ 溶液。由于不同 pH 值的电解液中 Fe 离子的溶解度不同，因此 pH 值为 14 的电解液中 FeSO$_4$ 的浓度为 50 μM，pH 值为 14.9 电解液中 FeSO$_4$ 的浓度为 0.5 mM。在磁力搅拌下，以 10 mV·s^{-1} 的阳极扫描速率测量催化剂的极化曲线。催化剂的稳定性是在恒电流密度下使用计时电压法（chronopotentiometry）测量得到的。测量到的与 Ag/AgCl 电极相关的电位（$E_{\text{Ag/AgCl}}$）可以根据能斯特方程转换成 RHE 标度（E_{RHE}）。

$$E_{\text{RHE}} = E_{\text{Ag/AgCl}} + E^0_{\text{Ag/AgCl}} + \frac{2.303RT}{F}\text{pH} \tag{2-2}$$

其中，Ag/AgCl 电极的标准电极电势 $E^0_{\text{Ag/AgCl}}$ 为 0.197 V。

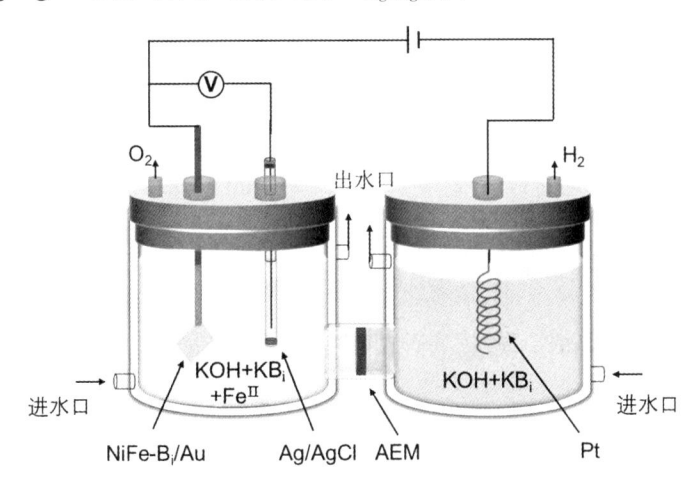

图 2-2　三电极的 H 型电解槽示意图

电化学水分解产生的 O$_2$ 量是通过气相色谱仪在气体流动的电解槽中获得的。气相色谱测量使用的是带有气体入口和出口的密闭电化学电解槽。测试前，用 Ar 去除溶解在电解质和顶部空间（体积为 20 mL）中的空气。测试期间，使用 KOFLOC 8500 的质量流量控制器将 Ar 流量保持在 10 sccm。在 300 mA·cm^{-2} 的恒定电流密度下进行电化学测试。出口处气体的 O$_2$ 浓度由气相色谱仪进行分析。法拉第效率由实际产生的 O$_2$ 量与理论产生的 O$_2$ 量之比得出。

2.3.4 光谱和能谱学表征

样品的表层物相（深度为2~4 nm）使用X射线光电子能谱（X-ray photoelectron spectroscopy，XPS）进行表征，光源为单色Al Kα X射线源（1486.6 eV），光束尺寸为200 μm。样品的亚表层物相（深度为1~30 nm）使用硬X射线光电子能谱进行表征，光源为单色Cr Kα X射线源（5414 eV），光束尺寸为100 μm。使用Multipak软件对HAXPES和XPS进行了定量分析。通过将不定碳的C 1s特征峰的结合能设置为284.8 eV，对XPS光谱进行了校正。半导体的能带结构信息由紫外光电子能谱（ultraviolet photoelectron spectroscopy，UPS）的表征获得。UPS采用He I源，光子能量为21.22 eV。通过电感耦合等离子体-质谱（inductively coupled plasma-mass spectrometry，ICP-MS）对电极表面催化剂的实际负载量进行精确测量，检测下限可到1 ppt以下。使用紫外可见分光光度计（ultraviolet-visible spectrophotometer，UV-Vis）测量了固体样品的光透过率和电解液的光吸收光谱。在光谱测量前，先使用空白样进行基线校准。检测Fe^{II}和Fe^{III}物种时，采用光路长度为10 mm的石英玻璃比色皿为容器，使用无添加Fe离子的含0.25 M KB_i的KOH溶液（pH值为14）进行基线校准。检测Fe^{VI}物种时，采用光路长度为50 mm的石英玻璃比色皿为容器，使用无添加Fe离子的含0.25 M KB_i的KOH溶液（pH值为14.9）进行基线校准。基线校准后，再进行实验样品的光谱测量。光谱波长变化的步长为1 nm。

2.4 用比色法测定电解液中的 Fe^{II} 浓度

2.4.1 试剂的配置和纯化

（1）乙醇和正己醇，使用前通过蒸馏进一步纯化。

（2）盐酸，使用去离子水将其稀释为 2 mol/L。

（3）红菲咯啉，将 0.033 2 g 红菲咯啉溶解在 50 mL 纯化后的乙醇中，再用 50 mL 去离子水稀释成 1 mmol/L 的溶液。

（4）乙酸钠，将 9.943 0 g 乙酸钠颗粒溶解于盛有 100 mL 去离子水的 125 mL 分液漏斗中，添加 2 mL 0.001 mol/L 的红菲咯啉溶液，混合均匀后，再添加 10 mL 正己醇进行分液操作，获得上层的乙酸钠溶液，浓度为 1.2 mol/L。

（5）盐酸羟胺，将 9.826 8 g 盐酸羟胺溶解于盛有 100 mL 去离子水的 125 mL 分液漏斗中，添加 2 mL 0.001 mol/L 的红菲咯啉溶液，混合均匀后，再添加 10 mL 正己醇进行分液操作，获得上层的盐酸羟胺溶液，浓度为 1.4 mol/L。

2.4.2 电解液中 Fe^{II} 和 Fe^{III} 浓度的标准曲线测定

溶液中 Fe^{II} 含量标线的测定：使用去离子水配制了 10 mmol/L 的 $FeSO_4$ 溶液。取 15 mL 含有 0.25 mol/L KB_1 的 KOH 溶液（pH 值为 14），置于 125 mL 分液漏斗中。通过向含 0.25 mol/L KB_1 的 KOH 溶液中滴加不同量的 $FeSO_4$ 溶液（3~75 μL），获得了不同浓度的 $FeSO_4$ 溶液样本（2~50 μM）。向样本

溶液中加入2 M HCl溶液，使溶液的pH值降至约1.5。由于Fe^{II}离子在溶液中容易自氧化为Fe^{III}离子，因此再向样本溶液中添加2 mL纯化后的盐酸羟胺溶液，以确保将Fe^{III}完全还原为Fe^{II}。为了进行显色反应，进一步向样本溶液中加入了15 mL的红菲咯啉溶液。在混合均匀后，使用乙酸钠溶液将样本溶液的pH值调整至约3.0。为了促进有机相和水相之间的分离，加入10 mL正己醇至样本溶液中，并充分摇动混合物。摇动后，让混合物至少静置5 min，以便两层液体完全分离。当混合液清晰地分为两层后，小心地抽取出下层的水相并弃去，只保留上层有机相。随后，将上层液体倒入25 mL的容量瓶中。为了确保所有Fe^{II}-红菲咯啉络合物都被收集，还需使用2～3 mL纯化后的乙醇对分液漏斗壁充分洗涤3次，并将洗涤液也转移到容量瓶。最后，用纯化后的乙醇对容量瓶中的溶液定容。为了测量Fe^{II}-红菲咯啉络合物的吸光度，将溶液倒入光路长度为10 mm的石英玻璃比色皿中，并使用UV-Vis测定吸光度［图2-3（a）］。通过绘制溶液在533 nm处的吸光度与Fe^{II}浓度的关系图，得到了一条符合朗伯-比尔定律（Beer-Lambert law）的直线，其斜率即为Fe^{II}-红菲咯啉的摩尔吸光系数［图2-3（b）］。

溶液中Fe^{III}含量标线的测定：使用去离子水配制了10 mmol/L的$Fe_2(SO_4)_3$溶液。取15 mL含有0.25 mol/L KB_1的KOH溶液（pH值为14），置于125 mL分液漏斗中。通过向含0.25 mol/L KB_1的KOH溶液中滴加不同量的$Fe_2(SO_4)_3$溶液（45～90 μL），获得了不同浓度的$Fe_2(SO_4)_3$溶液样本（30～60 μmol/L）。向样本溶液中加入2 mol/L HCl溶液，使溶液的pH值降至约1.5。为了进行显色反应，进一步向样本溶液中加入了15 mL的红菲咯啉溶液。在混合均匀后，使用乙酸钠溶液将样本溶液的pH值调整至约3.0。为了促进有机相和水相之间的分离，加入10 mL正己醇至样本溶液中，并充分摇动混合物。摇动后，让混合物至少静置5 min，以便两层液体完全分离。当混合液清晰地分为两层后，小心地抽取出下层的水相并弃去，只保留上层有机相。随后，将上层液体倒入25 mL的容量瓶中。为了确保所有Fe^{III}-红菲咯啉络合物都被收集，还需使用2～3 mL纯化后的乙醇对分液漏斗壁充分洗涤3次，并将洗涤液也转移到容量瓶中。最后，用纯化后的乙醇对容量瓶中的溶液定容。为了测量Fe^{III}-红菲咯啉络合物的吸光度，将溶液倒入

光路长度为10 mm的石英玻璃比色皿，并使用UV-Vis测定吸光度［图2-3（c）］。通过绘制溶液在533 nm处的吸光度与Fe^{III}浓度的关系图，得到Fe^{III}-红菲咯啉的摩尔吸光系数［图2-3（d）］。

(a) 不同浓度的Fe^{II}-红菲咯啉标准溶液的吸收光谱

(b) 533 nm波长处溶液的吸光度与Fe^{II}浓度的关系

(c) 不同浓度的Fe^{III}-红菲咯啉标准溶液的吸收光谱

(d) 533 nm波长处溶液的吸光度与Fe^{III}浓度的关系

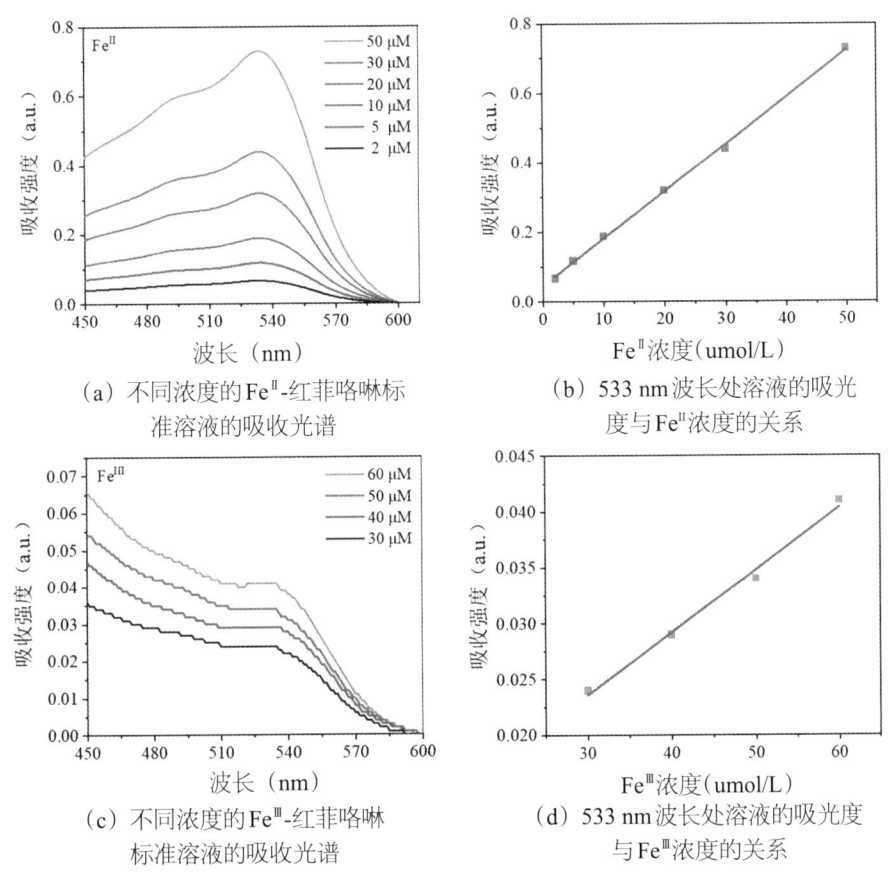

图2-3 电解液中Fe^{II}和Fe^{III}浓度的校准曲线

2.4.3 在水氧化反应中测定电解液中的Fe^{II}浓度

在含0.25 mol/L KB_i和50 umol/L Fe^{II}的KOH溶液(pH=14)中，10 mA cm^{-2}的条件下，对FTO表面NiCoFe-B_i催化剂进行100 h的恒电流测试。测试期

间，提取不同时间的 15 mL 含 0.25 mol/L KB_i 和 50 umol/L Fe^{II} 的 KOH 溶液，放入 125 mL 分液漏斗中。加入 2 mol/L HCl 溶液，使溶液的 pH 值降至约 1.5。为了进行显色反应，继续加入 15 mL 的红菲咯啉溶液。在混合均匀后，使用乙酸钠溶液将溶液的 pH 值调整至约 3.0。为了促进有机相和水相之间的分离，加入了 10 mL 正己醇，并充分摇动混合物。摇动后，让混合物至少静置 5 min，以便两层液体完全分离。当混合液清晰地分为两层后，小心地抽取下层的水相并弃去，只保留上层有机相。随后，将上层液体倒入 25 mL 的容量瓶中。为了确保所有络合物都被收集，使用 2～3 mL 纯化后的乙醇对分液漏斗壁充分洗涤 3 次，并将洗涤液也转移到容量瓶中。最后，用纯化后的乙醇对容量瓶中的溶液定容。为了测量样品溶液的吸光度，将溶液倒入光路长度为 10 mm 的石英玻璃比色皿，并使用 UV-Vis 测定吸光度。

第三章

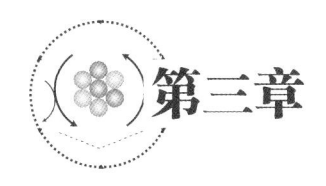

硅光阳极表面 NiO 空穴提取层的研究

3.1 引言

在设计高效的 PEC 水分解系统时,Si 半导体因其低廉的成本、高度的工业化水平以及适宜的可见光吸收带隙,展现出作为光吸收材料的巨大潜力。然而,当裸露的 n-Si 半导体作为 PEC 光阳极使用时,其价带位置不利于水氧化反应,且在强碱性电解液中易遭受化学腐蚀。这些不利因素严重制约了光生空穴的有效导出和光电流的长期稳定性。为了克服这些挑战,研究者们通常采用光电极的多层结构设计策略,通过在 n-Si 表面涂覆表面空穴提取层或致密保护层,以增强其光电性能及耐久性。

当前,将稳定的材料集成在不稳定的光吸收层表面是提高载流子提取效率和克服(光电)化学腐蚀的一种有效的方式。早在20世纪70年代,研究人员就使用 TiO_2 薄膜去保护 Ⅲ~Ⅴ 族半导体光吸收层,有效钝化了半导体表面,并调整了光阳极的能带结构实现了光生空穴在半导体与电解液界面的传输[124]。理想的涂覆层,需要同时满足以下三个条件:①保证薄膜的连续且致密，最大程度减小电解液与不稳定光吸收层的接触；②保证电荷能够有效地从光吸收层传导至光电极表面，提高载流子的提取效率；③保证薄膜的透过性，减少寄生光吸收问题。但在实际应用中，实现保护和维持高效率之间存在冲突，具有更好的保护作用的薄膜通常较厚，这会降低薄膜的电荷转移速率或光学透过率并且进一步推高制造成本。正如在1.3.2中所论述的，在n-Si光阳极上，绝缘体薄膜，如TiO_2、SiO_x、Al_2O_3等，受限于电荷的隧穿机制，需要严格控制涂覆层的厚度，避免因薄膜厚度过大导致的器件串联电阻的增加。因此，为实现涂覆层的理想效果，需要排除隧穿机制的厚度限制。

随着p-TCOs薄膜在光电子器件中的广泛应用[125, 126]，为光阳极器件表面涂覆层的研究提供了新的路径。n-Si光吸收层与具有较高导带边缘的p-TCOs薄膜偶联，通过形成PN型异质结和高的电子传输势垒，增加了n-Si光阳极的光电压，提升了光生载流子的分离效率和空穴的提取效率，这在一定程度上减小了薄膜厚度对电荷传输效率的影响。正如1.3.2和1.3.3中所论述的，多种p-TCOs薄膜，如CoO_x和NiO_x，对同时提升n-Si光阳极PEC水分解效率和稳定性具有积极作用。其中，相对于较窄带隙的CoO_x薄膜（E_g通常小于1.6 eV），具有宽带隙的NiO_x薄膜（E_g通常大于3 eV）可以有效减少因涂层厚度增加所导致的寄生光吸收问题[102]。通过增加NiO薄膜的厚度，可将n-Si光阳极的高饱和光电流密度（约30 mA·cm^{-2}）保持长达数百小时[104]。然而，通过反应溅射构建的NiO_x/n-Si光阳极仅产生180 mV的光电压，在外加偏压低于1.23 V vs. RHE时并未有明显光电流产生［图3-1 (a)］。究其原因，可能是由于反应溅射所沉积的薄膜颗粒度较大、均匀性较差［图3-1 (b)］，导致NiO_x薄膜中晶界较多，形成大量的载流子复合中心和捕获中心，降低载流子的分离效率和空穴的提取效率。因此，本章选择采用更为先进的电子束蒸发技术来沉积更为均匀、生长更有序的NiO薄膜，以此来探究n-Si光阳极的PEC性能和稳定性。

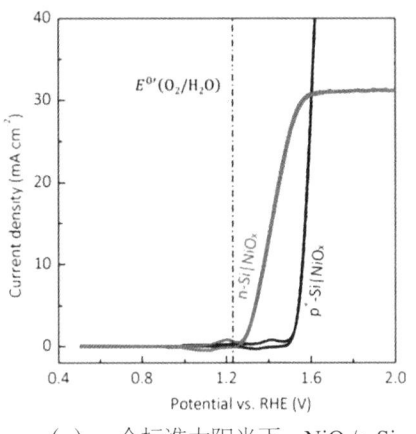

(a) 一个标准太阳光下，NiO_x/n-Si 光阳极在 1.0 mol/L KOH 溶液中测试获得的 J-V 曲线

(b) NiO_x/n-Si 样品的 SEM 和原子力显微镜（atomic-force microscope，AFM）形貌图

图 3-1　反应溅射制备的 NiO_x/n-Si 光阳极 PEC 活性和形貌特征[104]

3.2　电子束蒸发技术构建的 NiO/n-Si 光阳极的 PEC 水分解研究

3.2.1　NiO/n-Si 光阳极的形貌及成分表征

NiO/n-Si 异质结构的制备方法是使用电子束蒸发法在自然氧化形成的 SiO_x 的 n-Si 基底上直接沉积 NiO 薄膜。从 NiO/n-Si 的 SEM 俯视图中可以看出，电子束蒸发技术沉积的 NiO 薄膜均匀地覆盖在 n-Si 表面［图 3-2 (a)］。NiO 的颗粒较小，形成的 NiO 薄膜平整且相对致密。使用 HR-TEM 分析电极的横截面［图 3-2 (b)、(c)］，以及在 STEM 模式下使用 TEM 分析 EDS 元素分布［图 3-2 (d)、(e)］，可以清晰地观察到 NiO/n-Si 的层状

结构。测量的NiO薄膜厚度约为20 nm。值得注意的是，在电子束蒸发沉积的NiO层中观察到了晶格条纹排列的一致性［图3-2（b）、(c)］，表明了NiO层是沿着垂直方向生长的，这将有利于n-Si光吸收层中产生的光生载流子在NiO层中的传输。由于电子束蒸发沉积是在常温条件下进行的，因此获得的金属氧化物多为非晶态或纳米晶态，这些结构不易被X射线衍射（X-ray Diffraction，XRD）所表征。并且，观测到NiO/n-Si的界面中SiO$_x$薄膜的厚度约为1 nm。这一原生SiO$_x$层的存在对于n-Si光吸收层表面的钝化至关重要[91, 97]。

(a) SEM俯视图　　(b) HR-TEM截面图　　(c) HR-TEM截面图

(d) 暗场STEM截面图　　(e) STEM模式下使用TEM分析EDS的元素分布图

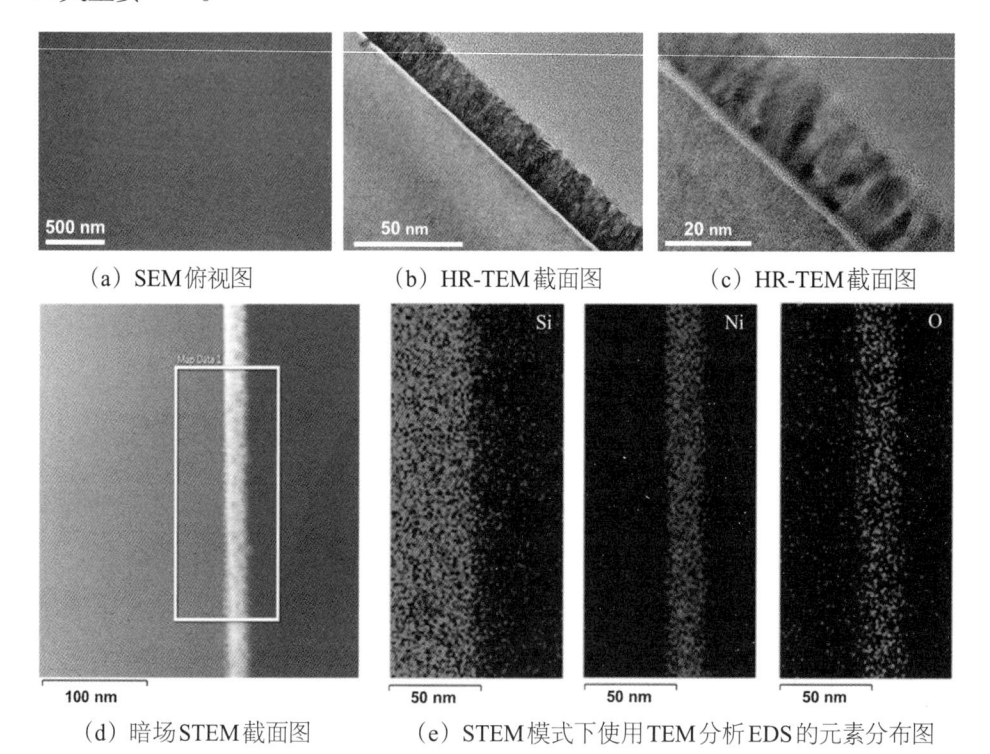

图3-2　电子束蒸发法制备的NiO/n-Si样品的形貌结构

(a) NiO/n-Si样品的Ni $2p_{3/2}$核能级的XPS能谱

(b) NiO/n-Si样品的O 1s核能级的XPS能谱

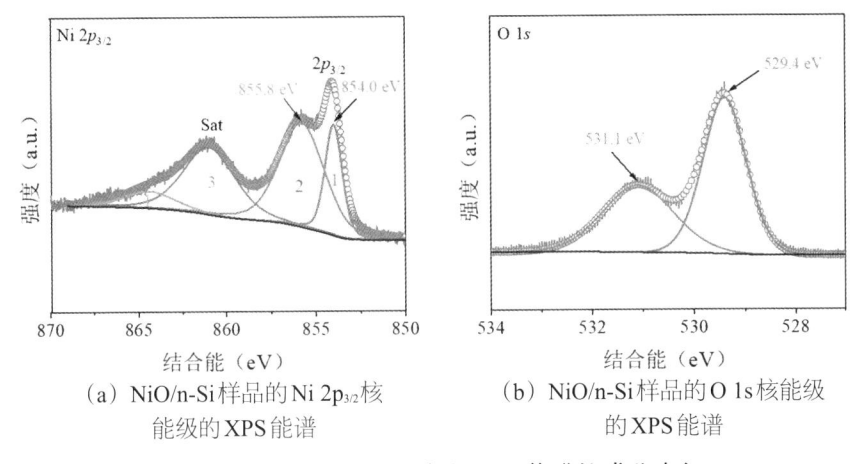

图3-3 电子束蒸发法制备的NiO薄膜的成分表征

为进一步获得所制备的NiO薄膜的物相信息，对NiO薄膜表面进行了XPS分析。图3-3展示了NiO薄膜的Ni $2p_{3/2}$和O 1s核能级的XPS能谱信息。Ni $2p_{3/2}$能谱由两个特征峰构成，即结合能在约855 eV的主峰和结合能在约862 eV的卫星峰。通过对Ni $2p_{3/2}$能谱进行拟合处理，Ni $2p_{3/2}$的主峰拟合为峰1和峰2，Ni $2p_{3/2}$的卫星峰拟合为峰3和峰4。在主峰的特征中，结合能位于854.0 eV的峰1是由Ni-O键中Ni^{II}造成的，而结合能位于856.1 eV的峰2则是受表面吸附氧的影响而产生的Ni^{III}贡献的[127]。其中，主峰的特征峰2的拟合面积占比更大，这是由于XPS的探测深度较浅，表层附近的Ni受吸附氧的影响更大。相对应的，O 1s能谱的拟合结果为典型的晶格氧的特征峰和吸附氧的特征峰，结合能分别在529.4 eV和531.1 eV[128, 129]。

3.2.2 NiO/n-Si光阳极的能带结构分析

利用UPS研究了n-Si和NiO之间的界面能量。NiO薄膜沉积在硅基底上，通过UPS表征获得了沉积在硅基底上的NiO薄膜的能带信息。图3-4（a）绘制了NiO层相应的UPS谱图。UPS谱图的高结合能位置存在能谱强度瞬间归零的现象，该结合能位置被定义为二次电子的截止电位（E_{cutoff}）。NiO 半导体的二次电子的截止电位为 16.74 eV。可以通过从 He I 的激发能（21.22 eV）中减去二次电子的截止电位得到半导体的功函数。获得的 NiO 半导体功函数为 4.48 eV。半导体的功函数的定义为半导体费米能级距离真空能级（vacuum energy level，E_{vac}）的能量差，由此可得到 NiO 半导体费米能级位于低于真空能级 4.48 eV 的位置。UPS 谱图的低结合能边缘位置可以获得半导体的价带信息，即能谱强度开始增强的结合能位置。该位置反应了价带顶能级低于费米能级的能量差。由此可得到 NiO 半导体的价带顶能级位于低于费米能级 0.93 eV 的位置。

此外，已知的 NiO 半导体的带隙约为 3.6 eV[104]，n-Si 半导体的电子亲和能为 4.05 eV，功函数为 4.27 eV，带隙为 1.12 eV。其中，电子亲和能为半导体导带底能级与真空能级的能量差。基于以上信息，可以得到 NiO/n-Si 异质结的能带图［图3-4（b）］。可以发现，当 NiO 薄膜直接沉积在 n-Si 上时，n-Si 半导体的费米能级相对于 NiO 半导体的费米能级更正，这导致 NiO/n-Si 界面产生内建电场。在内建电场的作用下，n-Si 的能带会发生向上弯曲。这个向上弯曲的能带为诱导价带中的光生空穴从 n-Si 转移到电极表面提供了驱动力。

（a）NiO 层的 UPS 谱图　　（b）NiO/n-Si 样品的能带图

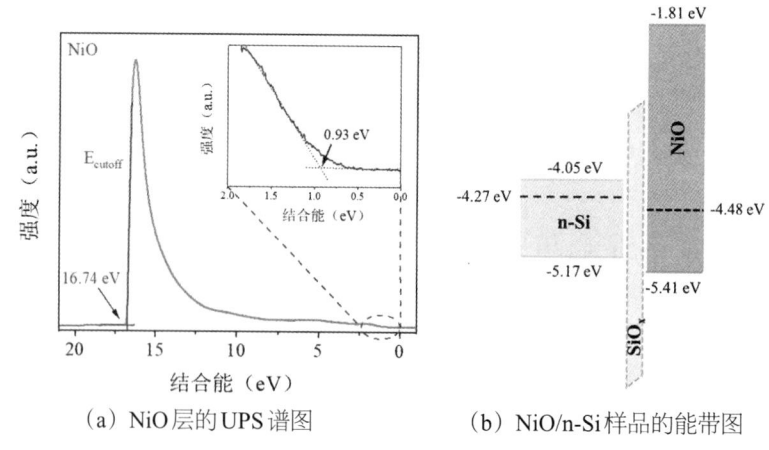

图3-4　电子束蒸发法制备的 NiO 薄膜的能带结构表征

3.2.3 NiO/n-Si 光阳极的 PEC 水分解性能

在对 NiO/n-Si 光阳极进行测试前，首先在 KOH 电解液中加入 0.25 mol/L 的 KB_i 和 50 μmol/L 的 $FeSO_4$，制备的溶液 pH 值为 14。其中，KOH 电解液中一定量的 KB_i 溶液的加入能够起到一定缓冲溶液的作用，减缓光阳极表面剧烈的水氧化反应所造成的 OH^- 浓度梯度的产生，保持 PEC 活性[130]。额外的 $FeSO_4$ 溶液的加入则是由于在光电压和外加偏压下 NiO 薄膜的表层会逐渐转化为 NiOOH 物种，它对电解液中的 Fe 离子具有较强的吸附作用，所形成的 NiFeOOH 物种能够极大地提升 OER 活性[56]。因此，选择在含有 0.25 mol/L KB_i 和 50 μmol/L $FeSO_4$ 的 KOH 电解液对 NiO/n-Si 光阳极进行 PEC 水分解性能测试。

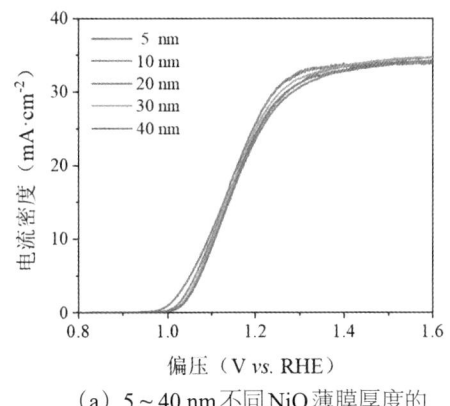

(a) 5~40 nm 不同 NiO 薄膜厚度的 NiO/n-Si 光阳极的 J-V 曲线

(b) 对应 (a) 中 J-V 曲线的 HC-STH 效率

图 3-5　电子束蒸发法制备的 NiO/n-Si 光阳极的 PEC 活性

图 3-5 (a) 展示了 5~40 nm 不同 NiO 薄膜厚度的 NiO/n-Si 光阳极的 J-V 曲线。可以发现 NiO/n-Si 光阳极的 PEC 活性并不会随 NiO 薄膜厚度的改变发生明显的变化，这归因于 NiO 半导体自身的带隙较宽，不会因薄膜厚

度的增加产生明显的寄生光吸收现象，并且NiO与n-Si形成的异质结为载流子的分离和空穴的提取提供足够能量，使得空穴能够在NiO层中进行有效传输。不同NiO薄膜厚度的NiO/n-Si光阳极的光电流起始电位约为1.02 V vs. RHE，偏压在1.23 V vs. RHE时的光电流密度约为28.0 mA·cm^{-2}，饱和光电流密度约为33.8 mA·cm^{-2}。其中，NiO薄膜厚度为20 nm时，NiO/n-Si光阳极展现了相对更好的PEC活性，其光电流起始电位为1.00 V vs. RHE，偏压在1.23 V vs. RHE时的光电流密度为29.0 mA·cm^{-2}，饱和光电流密度约为33.8 mA·cm^{-2}。如图3-5（b）所示，计算获得NiO薄膜厚度为20 nm的NiO/n-Si光阳极的HC-STH效率达到了1.54%，略高于其他NiO薄膜厚度的NiO/n-Si光阳极HC-STH效率（1.35%～1.45%），不仅远好于利用反应溅射所制备的NiO$_x$/n-Si光阳极的PEC活性，在1.23 V vs. RHE偏压下也并未有光电流的响应[104]；而且高于沉积CoO$_x$薄膜的CoO$_x$/n-Si光阳极的HC-STH效率（1.42%）[105]。

  与此同时，NiO薄膜厚度为20 nm的NiO/n-Si光阳极在1.20 V vs. RHE的恒定电压下进行了稳定性测试［图3-6（a）］。在60 h的PEC稳定性测试过程中，NiO/n-Si光阳极的光电流密度持续下降，从约26 mA·cm^{-2}下降至约22.5 mA·cm^{-2}。PEC稳定性测试结束后，对其进行PEC活性测试。图3-6（b）展示了稳定性测试后NiO/n-Si光阳极的J-V曲线，由图可知稳定性测试前后饱和电流密度未发生大的变化，还是保持33.8 mA·cm^{-2}不变，但光电流起始电位发生了正向偏移，偏移值为20 mV，偏压在1.23 V vs. RHE下的光电流密度下降为25.1 mA·cm^{-2}，计算获得的HC-STH效率，减小为1.23%［图3-6（c）］。这种饱和电流密度保持相对恒定而光电流起始电位发生正向偏移的PEC活性衰减现象发生在大多数n-Si光阳极PEC稳定性测试过程中，这一特征已在1.3.3中进行了详细论述。可能的原因之一是n-Si光阳极表面OER催化活性物种的不断流失，造成整体PEC水氧化活性下降。

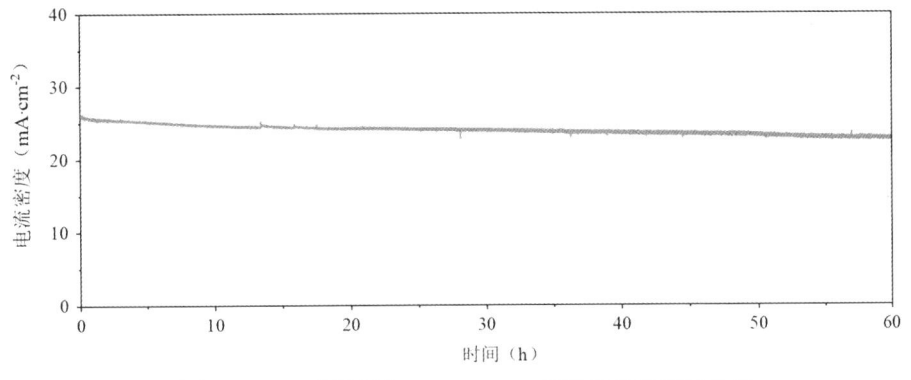

(a) NiO/n-Si 光阳极在 1.2 V vs. RHE 下的稳定性测试曲线

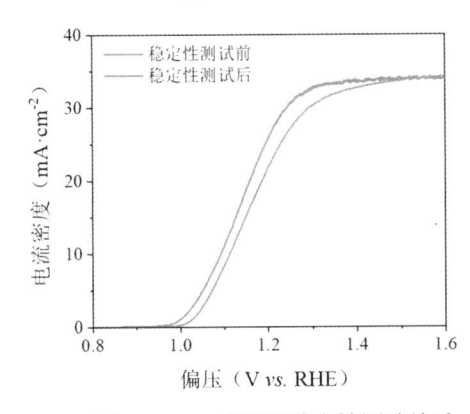

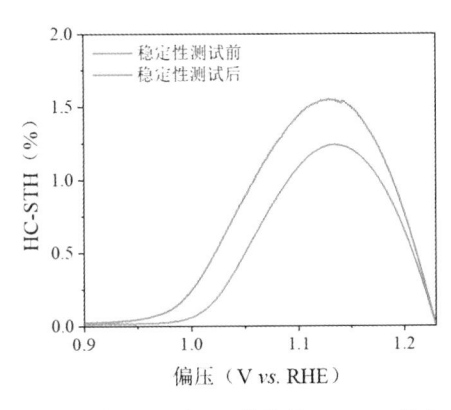

(b) NiO/n-Si 光阳极稳定性测试前后的 J-V 曲线

(c) 对应（b）中 J-V 曲线的 HC-STH 效率

图 3-6 电子束蒸发法制备的 NiO/n-Si 光阳极的 PEC 稳定性

近期，关于通过对样品的退火处理，将沉积在光吸收层表面的金属氧化物从非晶态或纳米晶态转变为结晶态，实现光电极表面光电压提升的研究被相继报道[98, 131]。为了验证退火处理对电子束蒸发沉积的 NiO/n-Si 光阳极的影响，通过对优化后的 NiO/n-Si 样品进行 180 ℃ 的退火处理，处理时间分别为 0.5 h 和 1 h。图 3-7（a）展示了退火后的 NiO/n-Si 光阳极的 J-V 曲线。可以看出，不同于过去报道中所描述的退火处理对薄膜的界面钝化作用，电子束蒸发沉积的 NiO/n-Si 光阳极在退火处理后并不会提升光电流起始电位，反而降低了光电流密度。不同退火时间的 NiO/n-Si 光电极的 PEC

性能基本保持一致，光电流起始电位约为1.00 V vs. RHE，这与退火前相差无几；而在1.23 V vs. RHE偏压下的光电流密度则出现了下降，仅为18.8 mA·cm^{-2}，饱和光电流密度同样出现了下降，约为30.4 mA·cm^{-2}。由此可知，电子束蒸发沉积的NiO薄膜在退火处理后对n-Si表面的钝化效果并不明显，但结晶后NiO薄膜的电荷传输效率出现衰减。因此，在随后的实验中将避免对n-Si光阳极进行热处理。

值得注意的是，原生SiO$_x$层的存在对于n-Si光吸收层表面的钝化至关重要，其能够保障n-Si光阳极高PEC活性的实现[91, 97]。作者通过使用HF溶液去除n-Si表面自然氧化层去评估原生SiO$_x$层对NiO/n-Si光阳极PEC性能的影响。图3-7（b）展示了去除原生SiO$_x$层后的NiO/n-Si光阳极的J-V曲线。可以看出，原生SiO$_x$层的去除会导致NiO/n-Si光阳极的光电流起始电位发生显著的正向移动，并且光电流密度出现明显下降。光电流起始电位降低至1.38 V vs. RHE，致使在1.23 V vs. RHE偏压下无明显光电流响应，饱和光电流密度则下降至29.1 mA·cm^{-2}。由此说明，原生SiO$_x$层的存在可以优化NiO/n-Si光阳极界面的能量，有效减少载流子的表面缺陷复合和电荷陷阱捕获的概率。因此，除非另有说明，本书中使用的所有n-Si样品都保留了原生SiO$_x$层。

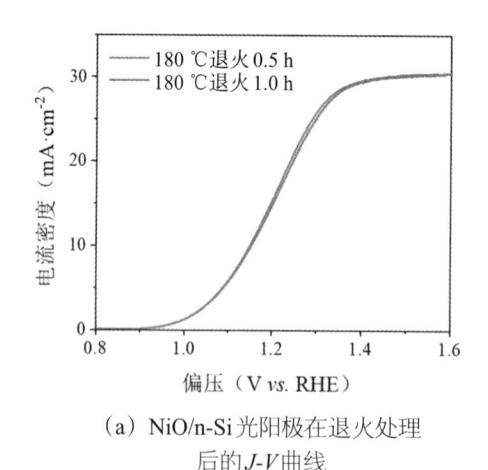

（a）NiO/n-Si光阳极在退火处理后的J-V曲线

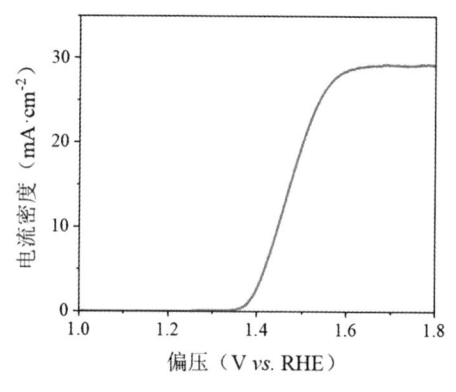

（b）NiO/n-Si光阳极在去除原生SiO$_x$层后的J-V曲线

图3-7　NiO/n-Si光阳极在不同处理条件下的J-V曲线

3.3 本章小结

本章中，通过电子束蒸发技术在 n-Si 光吸收层上成功制备了均匀、致密且晶格排列规则的 NiO 薄膜。当 NiO 薄膜沉积在 n-Si 表面时，会形成一个掩埋的 PN 型异质结，促使 n-Si 半导体的能带发生向上的弯曲，形成一个有利于导带中光生电子耗尽和价带中光生空穴积累的势垒，这能为 PEC 水氧化提供更大驱动力。并且，NiO 层中晶格条纹的有序排列为空穴传输至光电极表面提供了有效的传输通道。基于此，电子束蒸发技术构建的 NiO/n-Si 光阳极（偏压 1.23 V vs. RHE 下光电流密度为 29.0 mA·cm^{-2}）展现了远超反应溅射制备的 NiO/n-Si 光阳极（偏压 1.23 V vs. RHE 下无光电流响应）的 PEC 活性。同样，在 PEC 稳定性测试中实现了 60 h 的饱和光电流密度的稳定，尽管光电流起始电位不可避免地发生了正向偏移。除此之外，对于 NiO 薄膜退火处理以及原生 SiO$_x$ 层对提升 NiO/n-Si 光阳极 PEC 活性的作用进行了探究，发现 NiO 薄膜在退火处理后对 n-Si 表面的钝化效果并不明显，反而降低了 NiO 薄膜的传输效率；而原生 SiO$_x$ 层的存在对于优化 NiO/n-Si 光阳极界面的能量至关重要。

第四章

硅光阳极表面 NiCoFe-B_i 助催化剂的研究

4.1 引言

助催化剂作为光电极器件的不可或缺的组成部分，其作用重大。它不仅能降低水氧化还原过电位，促进载流子高效转移到反应物上，还为光电极提供了热力学和动力学的保护，包括有效隔绝腐蚀性电解液，降低腐蚀反应的选择性[40, 53, 54]。然而，由于助催化剂自身活性和稳定性的限制，以及在应用过程中遇到的诸多挑战，它在PEC水分解领域的应用受到了严重阻碍。

近些年来，过渡金属基OER电催化剂已被广泛研究，包括Fe/Co/Ni基氧化物/氢氧化物、Mn基氧化物、Cu基氢氧化物、金属磷化物或磷酸盐等，为PEC水分解的发展提供了更多可能[40, 54, 56, 57]。其中，Fe/Co/Ni基氧化物/氢氧化物在碱性条件下已经展现了不逊色于贵金属基催化剂的OER性能[132]。并且，在具有高OER活性的强腐蚀性电解液环境中，NiFe基催化剂催化活性物种不断流失的问题也得到了有效解决[121]。通过自修复机制解决强碱性电解液中NiFe基OER电催化剂稳定性问题的相关内容已在1.3.3中进行了详细论述。这些电催化问题的解决为OER电催化剂应用在PEC水分解领域，实现光电极器件的长期高效、稳定提供了基础。

当Fe/Co/Ni基OER催化剂作为助催化剂与光电极器件耦合时，如何确保PEC性能的高效与稳定，并揭示其独特的内在机制，已成为当前亟待解决的关键问题。电催化剂在PEC水分解领域的应用受到多种因素的制约。这些因素主要包括助催化剂与光吸收体合成路线的不兼容性、助催化剂层可能产生的寄生光吸收问题，以及引入额外的载流子复合中心等[54]。这些因素都影响了助催化剂在提升光电极PEC性能方面的效果。具体来说，助催化剂与光吸收体在合成路线上的不兼容性，往往是因为两者在耦合过程中制备条件上的冲突（如温度、压力、溶剂等因素的不匹配，导致对底层光吸收体造成不可逆的损坏）。此外，为了提高催化剂的活性和对光吸收体的保护效果，有时会使用过量的助催化剂，但这会带来寄生光吸收问题，降低入射光的强度，从而影响光电转换效率。再者，助催化剂与光吸收层界面能量的不匹配可能导致大量界面缺陷和电荷捕获陷阱的形成，这些缺陷和陷阱会抑制电荷的高效传输，进一步影响PEC性能。因此，在PEC水分解应用中，针对已有高效、稳定的电催化剂材料，开发一种既廉价又具有高透光性、易于在光电极上制造且与光吸收层同形的助催化剂涂层显得尤为重要。这样的助催化剂层将能有效克服上述挑战，提升PEC性能，实现光电极器件的长期高效稳定运行。

除此之外，深入探究表面助催化剂在自修复水氧化循环中的活性中心对指导和设计更加适配光电极的助催化剂材料同样具有至关重要的意义。对于NiFe基氧化物/氢氧化物，尽管Fe在提高NiOOH的OER活性方面的作用已被广泛认可，但关于Fe是作为活性中心还是仅作为促进Ni活性的路易斯酸，研究界仍存在争议[56, 133]。然而，在过去几年中，大多数研究人员已对水氧化循环中以高价态金属物种为活性中心的观点达成共识[134, 135]。这是因为在水氧化过程中，当电极处于高电荷状态时，H_2O和OH^-配体会发生去质子化，进而形成超氧配体（oxo ligands）。金属超氧化合物（metal-oxo complexes）的出现对于O—O键的形成以及随后O_2的生成至关重要。高价态金属和超氧配体的快速形成是提高催化活性的关键因素[56,136]。

尽管Strasser等人[137]通过差分电化学质谱法（differential electrochemical mass spectrometry，DEMS）和X射线吸收光谱法（X-ray absorption spectroscopy，XAS）证明了单一的NiOOH在水氧化中存在高价态的Ni^{IV}，但众多实验数据表明，Fe的存在使Ni的氧化过程变得更为困难，从而抑制了NiFeOOH中Ni^{IV}的形成[138,139]。Ni的Pourbaix图[140]进一步证实，在高pH值条件下，形成Ni^{IV}物种需要更高的阳极极化电压。从理论角度来看，在碱性介质的水氧化电位下，O配体更倾向于在高价态的Fe（如Fe^{IV}、Fe^{V}或Fe^{VI}）上形成，而非在高价态的Ni（如Ni^{IV}）上形成。这是因为随着π*轨道上d电子数量的增加，金属超氧化合物的稳定性会相应降低[139]。因此，探测水氧化循环中高价态Fe（如Fe^{IV}、Fe^{V}或Fe^{VI}）的存在对于阐明NiFe基氢氧化物的OER催化机理至关重要。Stahl等人[141]首次利用工况穆斯堡尔光谱（operando Mössbauer spectroscopy）技术，为稳态水氧化条件下NiFe氧化物催化剂中Fe^{IV}的形成提供了直接证据。然而，遗憾的是，对更高价态的Fe物种（如Fe^{V}或Fe^{VI}）的探测却面临困难。这是因为在高效的水氧化循环中，高价活性中心会迅速与H_2O/OH^-反应并迅速耗尽，导致其稳态浓度低于光谱设备的检测下限[135,137]。为了解决这一问题，Gray等人[142]创新性地采用了非水电解质来降低反应底物（即H_2O或OH^-）的浓度，从而提高反应中间体的稳态浓度。他们在不含水的乙腈电解质体系中成功地截留了Fe^{VI}中间体，并通过红外光谱与电化学相结合的方法检测到了这一中间体。尽管如此，在OER的实际工作条件下，直接表征水溶液中的Fe^{VI}中间体目前仍是一个未解决的挑战，亟待进一步的研究与验证。

鉴于上述背景，本章将聚焦于本课题组前期研发的具有自修复特性的NiCoFe-B_i OER电催化剂，致力于研究能够有效提升n-Si光阳极高效、稳定性能的助催化剂材料。同时，作者希望深入探究工况条件下水溶液中NiFe基助催化剂的活性中心，以期解析n-Si光阳极表面的OER催化机理，从而

为进一步优化PEC性能提供坚实的理论支持；能够为光电极器件的发展和应用提供有力的技术支撑和理论指导。

4.2 NiCoFe-B$_i$助催化剂提升NiO/n-Si光阳极的效率和稳定性

4.2.1 NiCoFe-B$_i$催化剂在PEC水分解领域的应用潜力

基于前期研发的具有自修复特性的NiCoFe-B$_i$OER电催化剂，对其在PEC水分解领域的应用潜力进行研究。作者通过电化学沉积方法在含有Ni、Co和Fe离子的KB$_i$缓冲液中将NiCoFe-B$_i$ OER电催化剂沉积在FTO电极上。在STEM模式下，使用TEM分析FTO基底表面的EDS元素分布[图4-1（a）]，使用HR-TEM分析FTO电极的横截面[图4-1（b）]。EDS元素分布图中显示Ni、Co和Fe三种元素均匀分布在FTO电极的表面，并且未出现明显的单一元素的偏析现象。FTO电极的HR-TEM横截面图可以清晰的观测到FTO基底上NiCoFe-B$_i$催化剂薄膜的覆盖，薄膜厚度约为35 nm。通过ICP-MS测试获得的Ni、Co和Fe三种元素的摩尔密度的比为6∶7∶7，总量约为40 nmol·cm^{-2}。

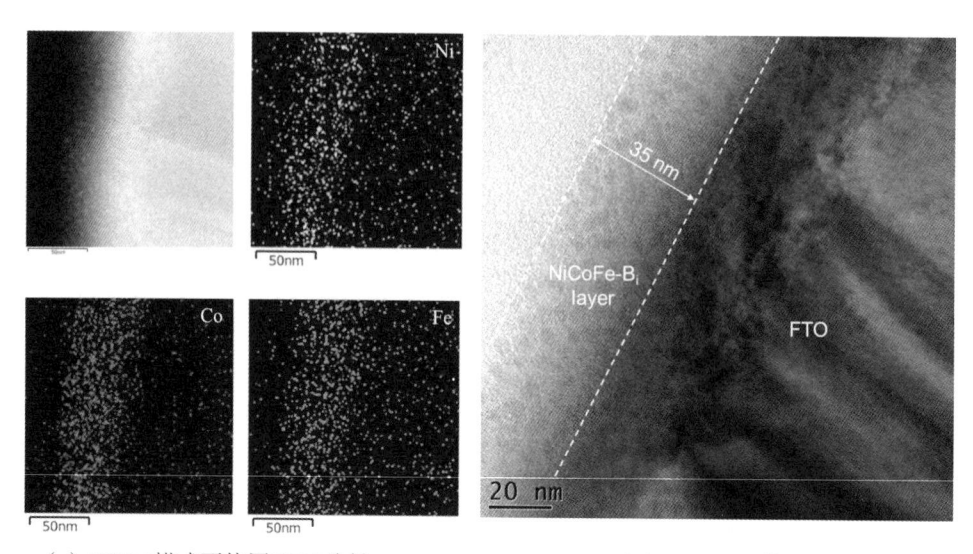

(a) STEM模式下使用TEM分析EDS的元素分布图　　(b) HR-TEM截面图

图4-1　NiCoFe-B$_i$/FTO样品的形貌结构

为评估NiCoFe-B$_i$ OER电催化剂在PEC水分解领域的应用潜力，对其内在催化活性进行了电化学测试，包括电化学的转换频率（turnover frequency，TOF）、塔菲尔斜率（tafel slope）、质量活度（mass activity）等。这些电化学测试皆是在含有0.25 mol/L KB$_i$和50 μmol/L FeSO$_4$的KOH电解液中进行测试的。转换频率是指单位时间内，单位活性位点上发生化学反应的次数或产生的目标产物的数量，是衡量催化反应内在活性的重要参数。水氧化反应的TOF值可通过单位时间内产生O$_2$的电流密度和活性位点数量的比值获得，计算公式如下：

$$TOF = \frac{I}{4qnN_A} \tag{4-1}$$

其中，I为J-V曲线中特定偏压下经过iR补偿后的电流值（mA），补偿的溶液电阻为5.13 Ω；n为假定催化活性位点的摩尔量（mol），此处为避免对活性位点种类的分歧采用NiCoFe-B$_i$薄膜中Ni、Co和Fe金属的总摩尔量，可通过ICP-MS测试获得；N_A为阿伏伽德罗常数（avogadro constant），其值为6.02×10^{23} mol^{-1}。图4-2（a）展示了NiCoFe-B$_i$催化剂不同过电位下的TOF

值。在 300 mV 过电位下，NiCoFe-B$_i$ 催化剂展现出 0.74 s^{-1} 的 TOF 值，这一数值足以将其归入内在催化活性最高的 NiFe 基 OER 催化剂行列之中。

塔菲尔斜率是指当电流密度变化 10 倍时，过电位所发生的变化量，它体现了电极在极化过程中所遇到的阻力状况。塔菲尔斜率可以通过电极反应动力学的巴特勒-福尔默方程（Butler-Volmer equation）进行转化和拟合获得[143]。巴特勒-福尔默方程为

$$J=J_0\left[\exp\left(\frac{\alpha_a F\eta}{RT}\right)-\exp\left(\frac{-\alpha_c F\eta}{RT}\right)\right] \quad (4\text{-}2)$$

其中，J 为电极反应的电流密度（mA·cm^{-2}）；J_0 为交换电流密度（mA·cm^{-2}）；α_a 为阳极方向的电荷传递系数；α_c 为阴极方向的电荷传递系数。当单一方向上的过电位足够大时，巴特勒-福尔默方程中另一方向的电流将会消失，由此方程可简化为

$$\eta=\frac{2.303RT}{\alpha F}\log J_0+\frac{2.303RT}{\alpha F}\log J \quad (4\text{-}3)$$

$$\eta=a+b\log J \quad (4\text{-}4)$$

其中，J 为不同偏压下经过 iR 补偿后的稳态电流密度（mA·cm^{-2}）；a 为塔菲尔曲线拟合直线的纵截距；b 为塔菲尔曲线拟合直线的斜率，即塔菲尔斜率。图 4-2（b）展示了 NiCoFe-B$_i$ 催化剂的塔菲尔曲线。通过对塔菲尔曲线进行线性拟合，获得了 NiCoFe-B$_i$ 催化剂的塔菲尔斜率，其数值为 29.4 mV·dec^{-1}。该数值与其他高性能 NiFe 基 OER 催化剂保持一致。

质量活度是指催化剂在化学反应中单位质量的活性，是催化反应内在活性的另一个重要参数。该参数避免了因电极比表面积增大所造成的催化活性提升的假象。质量活度通过 J-V 曲线所测量的电流密度与 ICP-MS 测定的金属元素总质量密度的比值获得。图 4-2（c）展示了 NiCoFe-B$_i$ 催化剂 10 mA·cm^{-2} 的几何电流密度下所计算的质量活度。10 mA·cm^{-2} 的电流密度下，NiCoFe-B$_i$ 催化剂的过电位约为 300 mV，获得的质量活度值为 4.32 A·mg^{-1}。从质量活度统计图中可以看出，该数值是当前在 300 mV 过电位下已知的 OER 催化剂所能达到的最高质量活度值[132]。

(a) NiCoFe-B$_i$ 催化剂在不同过电位下的 TOF 值

(b) NiCoFe-B$_i$ 催化剂的塔菲尔曲线

(c) 10 mA·cm^{-2} 的几何电流密度下 NiCoFe-B$_i$ 催化剂的质量活度

(d) NiCoFe-B$_i$ 催化剂薄膜的光透过率

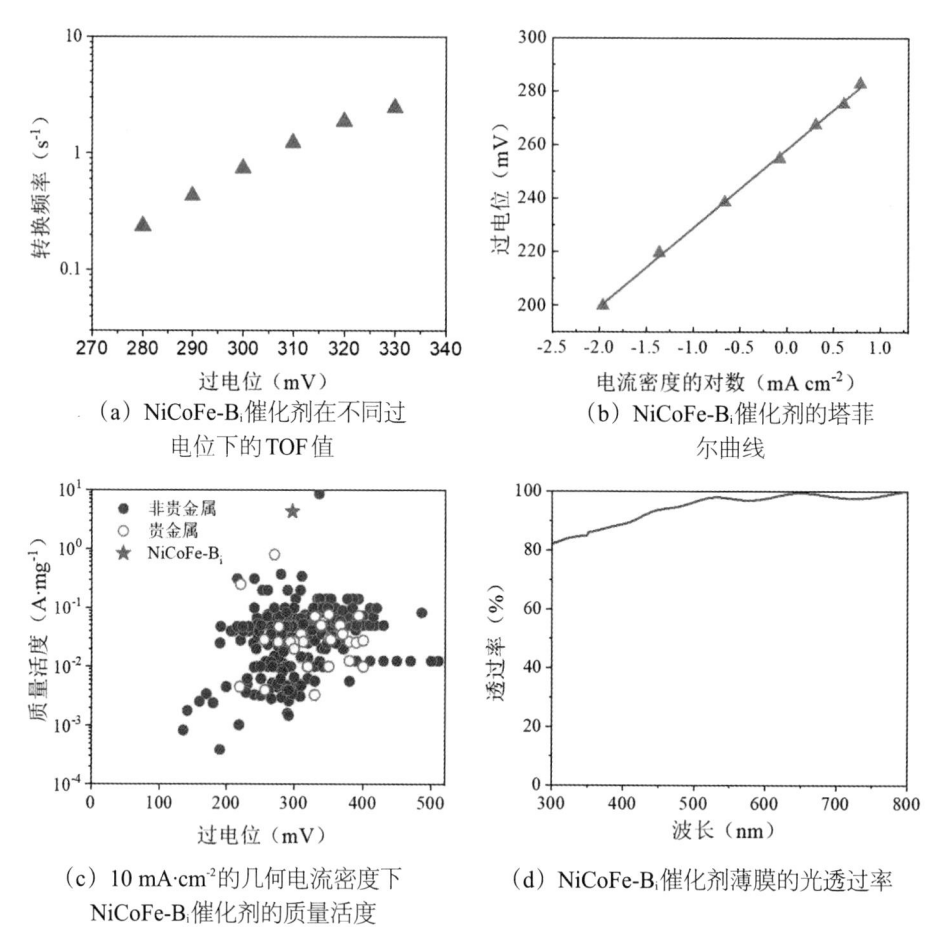

图 4-2　NiCoFe-B$_i$ 催化剂的内在特性

综上所述，NiCoFe-B$_i$ OER 电催化剂展现了高电化学转换频率、优异的塔菲尔斜率、卓越的质量活度，以及超过 1 000 h 的电化学稳定性［图 1-26 (e)、(f)］，成为与光电极器件耦合的绝佳候选材料。在 PEC 水分解应用中，对助催化剂的考量需全面，既要注重其催化活性和稳定性，又要考虑其与基底在耦合过程中的兼容性以及可能存在的寄生光吸收问题。

采用低温-光辅助电化学沉积方法将 NiCoFe-B$_i$ 催化剂与光电极器件耦合，可以有效解决助催化剂在 PEC 水分解应用中合成路线不兼容的问题。光辅助电化学沉积方法与电化学沉积方法在使用的沉积液上保持一致，这种电解液对半导体光吸收体没有直接的损害。更重要的是，光辅助电化学沉积方法通过太阳光辐照，能够降低所需的偏压值，从而有效减小高电压对半导体光吸收体造成的击穿风险。此外，光辅助的沉积过程还能实现半导体光吸收体表面缺陷的屏蔽，进一步减少载流子界面复合中心的产生，从而提升整体光电极性能[144]。

至于寄生光吸收问题，NiCoFe-B$_i$ OER 电催化剂凭借其独特的超薄透光特性和薄膜厚度自限性特征，得以有效应对，进一步确保了其在 PEC 水分解应用中的优越表现。为了深入探究其光学特性，利用 UV-Vis 对 FTO 电极上电化学沉积制备的 NiCoFe-B$_i$ 催化剂薄膜的光透过率进行了表征。图 4-2 (d) 展示了 NiCoFe-B$_i$ 催化剂在不同单色光下的薄膜光透过率，波长测试范围覆盖 300～800 nm。实验结果表明，在可见光范围内，NiCoFe-B$_i$ 催化剂薄膜的光透过率超过 90%。这意味着它不会对底层光吸收层产生不必要的寄生光吸收。此外，NiCoFe-B$_i$ 催化剂还展现出薄膜厚度自限性的特征（图 4-3）。在探究电解液中不同离子添加对 NiCoFe-B$_i$ 催化剂影响的实验中，Ni 离子的添加并未提升薄膜的催化活性，而 Co 和 Fe 离子的添加则增强了薄膜的催化活性。值得注意的是，Co 离子的添加导致了薄膜厚度的增加，而 Fe 离子的添加对薄膜厚度的影响几乎可以忽略不计。经过深入分析，在含 Fe 离子的电解液中，NiCoFe-B$_i$ 催化剂薄膜的厚度自限性特征是由于在自修复循环中 Co 对 Fe 再沉积的催化作用使得 Fe 只能沉积在与 Co 相邻的位点上 [图 1-26 (d)]。在这种自修复机制下，NiCoFe-B$_i$ 催化剂中有限的 Co 位点成为了限制因素，有效地控制了薄膜厚度的增长。这与传统的 Co 基自修复催化剂（如 Co-Pi 和 Co-B$_i$）形成了鲜明对比，后者在测试过程中随着测试时间的增加，薄膜厚度也会不断增大，导致寄生光吸收问题的产生[117, 145]。这是因为 Co 基自修复催化剂为实现自修复功能，在电解液中加入了过量的 Co 离子源，使得薄膜厚度无限制地增加了。

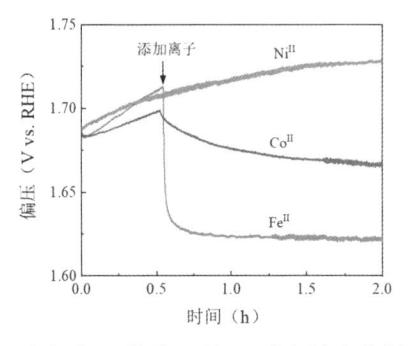

(a) 在pH值为14的KB$_i$电解液中分别加入30 μmol/L的Ni^{II}、Co^{II}或Fe^{II}离子对NiCoFe-B$_i$催化剂电化学性能的影响

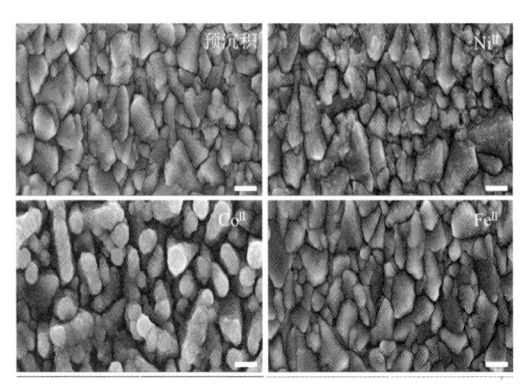

(c) 对应（a）中样品的SEM俯视图，图像标尺为200 nm

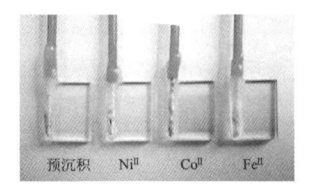

(b) FTO基底上NiCoFe-B$_i$催化剂层的光学图像

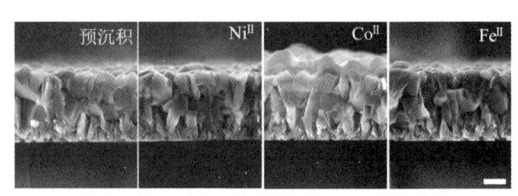

(d) 对应（a）中样品的SEM截面图，图像标尺为200 nm

图4-3 NiCoFe-B$_i$催化剂的薄膜厚度自限性

4.2.2 NiCoFe-B$_i$/NiO/n-Si 光阳极的 PEC 水分解性能

NiCoFe-B$_i$ OER电催化剂凭借其高的内在催化活性、超长的电化学稳定性、与光吸收体兼容的合成路线、高的光透过率，以及独特的薄膜厚度自限性，使其成为了与光电极器件耦合的理想选择。

为了验证NiCoFe-B$_i$自修复催化剂在PEC水分解中的适用性，通过光辅助电化学沉积法将其与第三章所优化的NiO/n-Si光阳极进行耦合。通过SEM俯视图观察，可以清晰地看到NiCoFe-B$_i$助催化剂薄膜均匀地覆盖在NiO/n-Si光电极表面［图4-4(a)］。使用HR-TEM分析光电极样品的横截面［图4-4(b)、(c)］，以及在STEM模式下使用TEM分析EDS元素分布［图

4-4(d)、(e)]，可以清晰地观察到 NiCoFe-B$_i$/NiO/n-Si 样品的层状结构。经测量，优化后的 NiCoFe-B$_i$ 助催化剂薄膜厚度约为 13 nm。值得注意的是，这一厚度与通过电化学沉积法沉积在 FTO 电极上的薄膜的厚度存在一定的差异。此外，EDS 元素分布图显示，Ni、Co 和 Fe 三种元素在 NiO/n-Si 光阳极表面分布均匀，并未出现明显的单一元素偏析现象。这些结果证实了 NiCoFe-B$_i$ 自修复催化剂与 NiO/n-Si 光阳极在合成路径上兼容性，为其在 PEC 水分解中的应用提供了有力的支持。

(a) SEM 俯视图　　(b) HR-TEM 截面图　　(c) HR-TEM 截面图

(d) 暗场 STEM 截面图　　(e) STEM 模式下使用 TEM 分析 EDS 的元素分布图

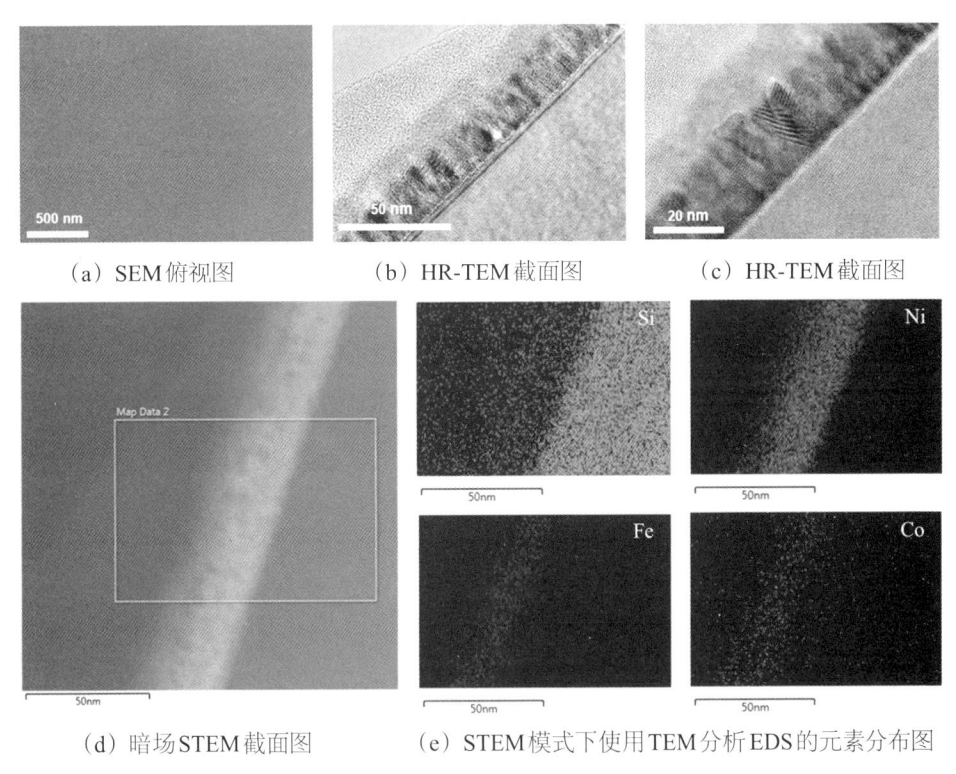

图 4-4　NiCoFe-B$_i$/NiO/n-Si 样品的形貌结构

NiCoFe-B$_i$/NiO/n-Si 光阳极与 NiO/n-Si 光阳极的 PEC 水分解性能测试条件保持一致，均使用含有 0.25 mol/L KB$_i$ 和 50 μmol/L FeSO$_4$ 的 KOH 电解液，且 pH 值为 14。图 4-5 展示了不同 NiCoFe-B$_i$ 助催化剂薄膜厚度的 NiCoFe-B$_i$/NiO/n-Si 光阳极的 *J-V* 曲线。观察发现，随着沉积过程中施加的恒电流密度从 10 μA·cm^{-2} 增加至 50 μA·cm^{-2}，NiCoFe-B$_i$/NiO/n-Si 光阳极的

饱和电流密度逐渐从 31.5 mA·cm^{-2} 降低至 28.8 mA·cm^{-2}。这一趋势表明，随着沉积电流密度的增加，NiCoFe-B$_i$ 助催化剂薄膜的厚度也在增加，进而增加了对底层光吸收层入射光的遮挡程度。然而，值得注意的是，不同 NiCoFe-B$_i$ 助催化剂薄膜厚度的 NiCoFe-B$_i$/NiO/n-Si 光阳极的电流起始电位基本保持一致，约为 0.97 V vs. RHE。这表明，尽管薄膜厚度不同，但 NiCoFe-B$_i$ 助催化剂与 NiO/n-Si 光阳极的耦合情况仍然保持一致，且具有良好的界面接触。在所有样品中，最优的 NiCoFe-B$_i$ 助催化剂薄膜厚度是在 30 μA·cm^{-2} 的恒电流密度下获得的。该样品的光电流起始电位约为 0.96 V vs. RHE，偏压在 1.23 V vs. RHE 时的光电流密度约为 28.7 mA·cm^{-2}，饱和光电流密度约为 31.3 mA·cm^{-2}。经计算，该样品的 HC-STH 效率达到了 1.94%。尽管 NiCoFe-B$_i$ 助催化剂与 NiO/n-Si 光阳极的耦合导致了饱和电流密度的轻微下降，但其他 PEC 水分解参数均得到不同程度的提升。即使是沉积了最厚 NiCoFe-B$_i$ 助催化剂薄膜的样品（在 50 μA·cm^{-2} 的恒电流密度下获得的），其 HC-STH 效率（1.68%）也超过了 NiO/n-Si 光阳极的最优值（1.54%）。这一结果进一步证明了 NiCoFe-B$_i$ 助催化剂在提升 PEC 水分解性能方面的有效性。

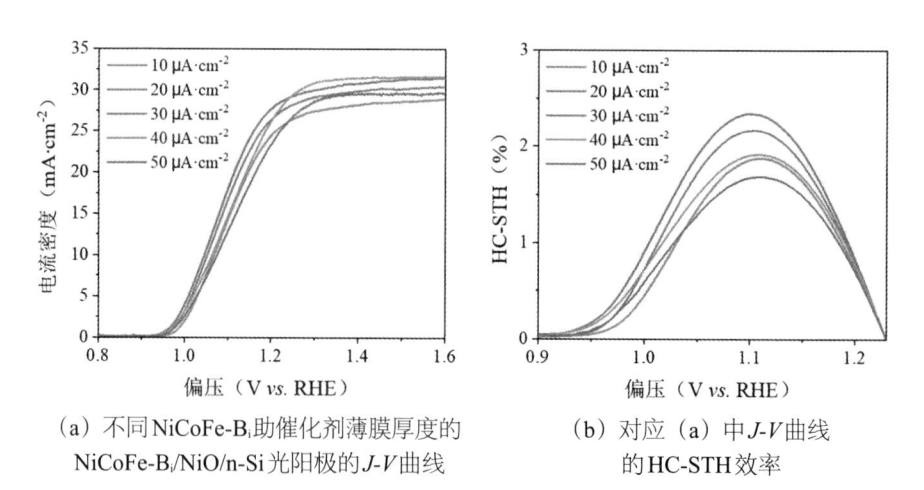

(a) 不同 NiCoFe-B$_i$ 助催化剂薄膜厚度的 NiCoFe-B$_i$/NiO/n-Si 光阳极的 J-V 曲线

(b) 对应（a）中 J-V 曲线的 HC-STH 效率

图 4-5 NiCoFe-B$_i$/NiO/n-Si 光阳极的 PEC 活性

与此同时，为了验证 NiCoFe-B$_i$/NiO/n-Si 光阳极的稳定性，在 1.20 V vs. RHE 的恒定电压下对其进行了长达 100 h 的测试。光电流密度在最初几小时内稳步上升,并在剩余的测试时间内保持稳定,约为 27.5 mA·cm^{-2} [图 4-6 (a)]。图 4-6 (b) 中 NiCoFe-B$_i$/NiO/n-Si 光阳极的 J-V 曲线显示,在 PEC 稳定性测试前后光电流的起始电位和偏压在 1.23 V vs. RHE 时的光电流密度未发生明显改变。值得注意的是,测试后的 J-V 曲线的填充因子略有提升,这导致 HC-STH 效率从原来的 2.02% 提升至 2.12% [图 4-6 (c)]。NiCoFe-B$_i$ 助催化剂与 NiO/n-Si 光阳极的耦合不仅提升了 PEC 活性,还在一定程度上解决了 n-Si 光阳极稳定性测试中通常出现的饱和电流密度保持相对恒定而光电流起始电位发生正向偏移的 PEC 活性衰减问题。这一优化后的光阳极展现出了与过去报道的 n-Si 光阳极相比毫不逊色的效率和稳定性(图 4-7 和表 4-1)。因此,可以断定,NiCoFe-B$_i$ 助催化剂在 PEC 水分解研究中具有极高的应用潜力。

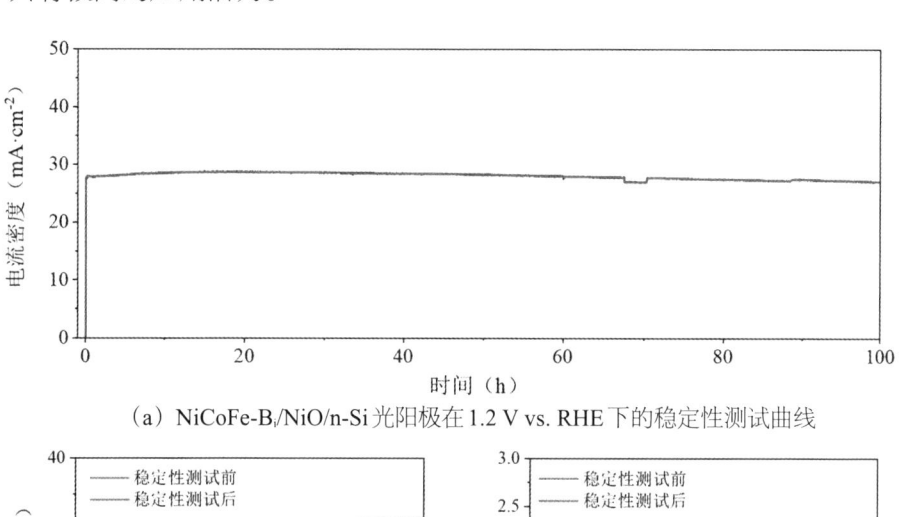

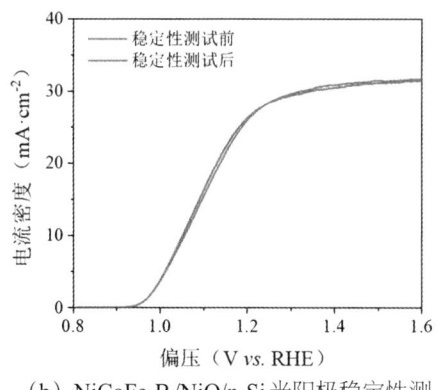

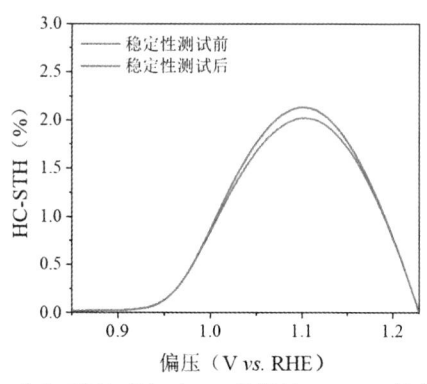

(a) NiCoFe-B$_i$/NiO/n-Si 光阳极在 1.2 V vs. RHE 下的稳定性测试曲线

(b) NiCoFe-B$_i$/NiO/n-Si 光阳极稳定性测试前后的 J-V 曲线

(c) 对应 (b) 中 J-V 曲线的 HC-STH 效率

图 4-6 NiCoFe-B$_i$/NiO/n-Si 光阳极的 PEC 活性

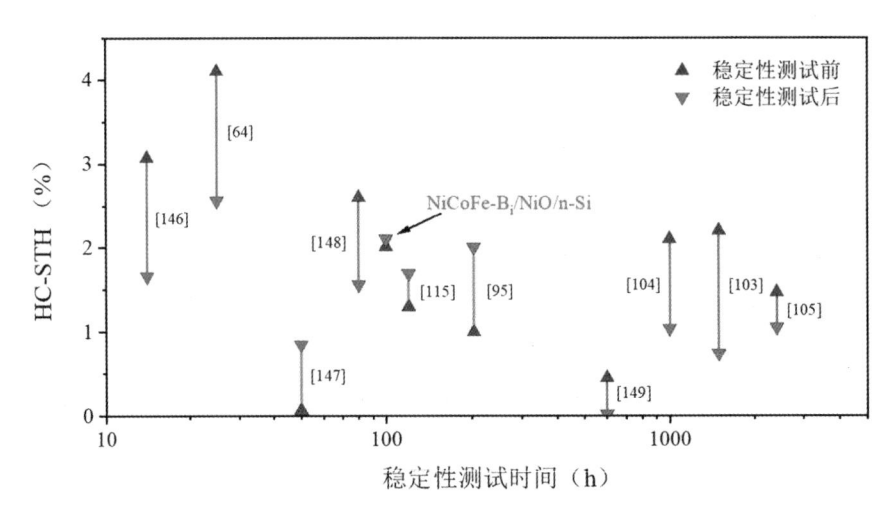

黑线表示稳定性试验期间的HC-STH效率降低；而灰线表示稳定性试验期间的HC-STH效率增加。

图 4-7　当前先进的 n-Si 光阳极的效率和稳定性统计图[64, 95, 103-105, 115, 146-149]

表 4-1　当前先进的 n-Si 光阳极的效率和稳定性统计表

光阳极	稳定性时间/h	初始光电流起始电位/V vs. RHE	稳定性测试后光电流起始电位/V vs. RHE	初始HC-STH/%	稳定性测试后HC-STH/%	报道年份
NiCoFe-B$_i$/NiO/n-Si	100	0.88	0.88	2.02	2.12	2024
NiFe/n-Si	14	0.96	1.01	3.07	1.66	2020[146]
Ni/SnO$_x$/n-Si	25	0.91	0.93	4.10	2.82	2018[64]
NiFe/n-Si	50	1.19	1.09	0.07	0.85	2019[147]
NiOOH/NiO/Ni/Al$_2$O$_3$/n-Si	80	0.88	0.89	2.36	1.67	2019[148]
μNi/p$^+$n-Si	120	0.99	0.96	1.42	1.69	2020[115]
Ni/Pt/Al$_2$O$_3$/n-Si	203	0.97	0.90	0.91	2.03	2017[95]
Ni/TiO$_2$/n-Si	600	1.08	1.20	0.45	0.02	2023[149]
NiO$_x$/p$^+$n-Si	1000	1.05	1.07	2.10	1.04	2015[104]
NiO$_x$/CoO$_x$/n-Si	1500	0.99	1.06	2.20	0.74	2015[103]
CoO$_x$/n-Si	2400	0.98	1.00	1.42	1.05	2016[105]

4.3 NiCoFe-B$_i$助催化剂提升光阳极高效稳定的内在机制

4.3.1 实现光阳极高效稳定的自修复机制

NiCoFe-B$_i$/NiO/n-Si 光阳极的 PEC 活性提升，一方面归因于表面 NiCoFe-B$_i$助催化剂的耦合，该催化剂的引入显著降低了 NiO/n-Si 光阳极中所提取的光生空穴参与水氧化反应势垒，从而提升了整体 PEC 水氧化的能量转化效率；另一方面，PEC 稳定性的提升则得益于表面 NiCoFe-B$_i$助催化剂的自修复机制。该机制假定 Fe 为表面 NiCoFe-B$_i$助催化剂的催化活性中心，而 Ni、Co 和 B 则在催化反应过程中发挥各自的独特作用。

为了验证这一假设，在含有 0.25 M KB$_i$的 KOH 电解液（pH 值为 14）中进行 FTO 电极表面的原位沉积实验，通过连续的循环伏安扫描，为假设提供了电化学方面的有力证据。在实验中，通过在电解液中依次添加不同顺序的 Ni、Co、Fe 离子，成功地在 FTO 电极表面原位沉积了不同种类的沉积物。这些沉积物在电化学性能上表现出的差异，可以揭示 Ni、Co、Fe 金属位点之间的相互作用关系。实验数据以 J-V 曲线的形式呈现，图 4-8 中展示了不同离子添加顺序下所获得的实验结果。分析数据后发现，Ni 离子的添加确实会在 FTO 电极表面形成 Ni 物种，但对电化学活性的提升并不显著 [图 4-8（a）～（f）]。尽管 Co 离子的添加能够在一定程度上提升 FTO 电极表面的电化学活性，但在缺乏 Fe 离子的条件下，这种提升效果相对有限 [图 4-8（d）～（f）]。同时，实验还观察到，在不含 Co 离子的溶液中，单独添加 Fe 离子并不会对 FTO 电极表面的电化学活性产生明显影响 [图

4-8（a）～（c）]。这表明Fe离子和Co离子的共同作用是实现电化学活性显著提升的关键因素。

（a）在电解液中依次添加Fe、Ni、Co离子

（b）在电解液中依次添加Fe、Co、Ni离子

（c）在电解液中依次添加Ni、Fe、Co离子

（d）在电解液中依次添加Ni、Co、Fe离子

（e）在电解液中依次添加Co、Fe、Ni离子

（f）在电解液中依次添加Co、Ni、Fe离子

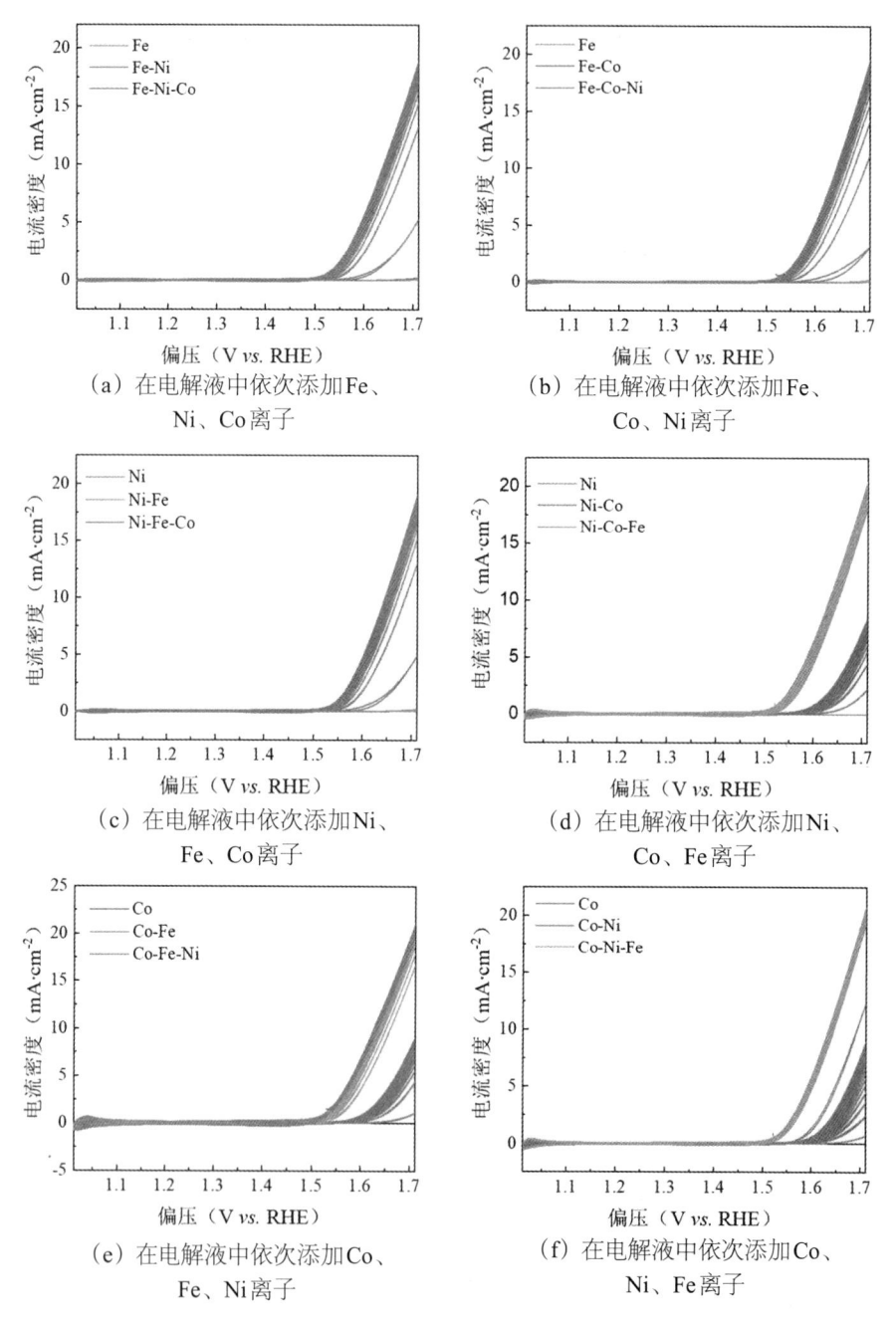

图4-8　FTO电极表面的原位沉积实验，沉积在FTO电极表面的不同物质的J-V曲线

进一步实验发现，当 Fe 离子添加到含有 Co 离子的溶液中时，FTO 电极表面的电化学活性得到了显著提升，并且这种提升效果明显高于将 Co 离子添加到含 Fe 离子的溶液中的情况［比较图 4-8（a）和（f）、图 4-8（b）和（e）、图 4-8（c）和（d）］。这一发现强有力地证明了相对于 Co 离子，Fe 离子作为活性中心时，对电化学活性的提升更为显著。因此，可以从电化学角度确认，Fe 是 NiCoFe-B$_i$ 催化剂的催化活性中心。并且，结合已知的实验结果与文献报道，可以对 Ni、Co 以及 B 在 NiCoFe-B$_i$ 催化剂中的作用进行合理推断。Co 因其特有的自修复能力[117, 118]对 Fe^{II}/Fe^{III} 离子氧化的催化作用[150]，在维持 NiCoFe-B$_i$ 催化剂中 Fe 活性中心数量稳定方面发挥着关键作用。Ni 则因其特有的热力学稳定性，成为维持 NiCoFe-B$_i$ 催化剂结构稳定的主体[139, 142, 151]。此外，NiCoFe-B$_i$ 催化剂结构中的 B 以 B$_4$O$_5$(OH)$_4^{2-}$ 基团的形式插入 NiCoFeOOH 层间，这不仅提升了催化剂的传质能力，还增加了催化活性位点的负载量，从而进一步提升了催化剂的整体性能[152]。

由此可知，表面 NiCoFe-B$_i$ 催化剂实现 NiO/n-Si 光阳极高效稳定的自修复机制为：在 PEC 水氧化循环过程中，表面催化剂中 Fe 活性中心经历由 Fe^{III}OOH 物种到高价态 Fe 中间体的氧化过程（如 Fe^{IV}、Fe^V 或 Fe^{VI} 等物种），并且这些高价态物种会随循环进行缓慢溶解浸出，导致活性位点数量的减少，进而使得催化活性逐渐降低；当 Co 引入到 NiFe 基催化剂中后，Co^{III}OOH 和 Co^{II}(OH)$_2$ 物种之间的氧化还原过程促进了 Fe^{II}(OH)$_2$ 到 Fe^{III}OOH 物种的再沉积过程，从而有效地弥补了 Fe 活性中心的损失，实现了 PEC 水氧化循环的动态平衡，保持了光电极的 PEC 催化活性的稳定性。

为实现光电极表面自修复的水氧化循环，确保 Fe 活性中心再沉积的顺利完成，需要在电解液中补充足量的 Fe^{II} 离子。然而，强碱性环境（pH 值为 14）通常会导致 Fe^{II} 离子转变为稳定的 Fe^{III}(OH)$_3$ 沉积物，这一转化过程会显著阻碍溶液中 Fe^{II}(OH)$_2$ 物种到光电极表面 Fe^{III}OOH 物种的沉积过程。此外，在工况的水溶液条件下，高价态 Fe 中间体（如 Fe^{IV}、Fe^V 或 Fe^{VI} 等物种）的存在至今尚缺乏确凿的实验证据。这些因素均说明以 Fe 为活性中心、Co催化促进Fe再沉积的自修复循环机制尚待进一步完善。因此，需要进一步探索和研究这一自修复过程，以便更好地理解其机制并优化光电极的性能。

4.3.2 溶液中Fe^{II}预沉积离子的探测

在进行水氧化反应测试时，在含有0.25 mol/L KB_i和50 μmol/L $FeSO_4$的KOH溶液（pH为14）中，尽管大部分Fe^{II}离子会逐渐转化为$Fe(OH)_x$沉淀，但电解液中依然维持着一定浓度的Fe^{II}离子。通过使用Lee和Stumm开发的比色法[153]，可以在电解液中存在Fe^{III}的情况下测定Fe^{II}浓度。此方法采用红菲咯啉为作为显色剂，它能够与Fe^{II}离子形成强烈的红色络合物（Fe^{II}-红菲咯啉），而与Fe^{III}离子形成淡红色的络合物（Fe^{III}-红菲咯啉）。实验结果表明，不同浓度的Fe^{II}离子与红菲咯啉形成的络合物在特定波长（533 nm）下的吸光度与浓度之间呈现出线性关系 [图2-3（b）]，这符合朗伯-比尔定律。通过测定Fe^{II}-红菲咯啉络合物的吸光度与浓度的关系曲线，计算得到其摩尔吸光系数为0.01356。相比之下，Fe^{III}-红菲咯啉的摩尔吸光系数仅为0.00056 [图2-3（d）]，约为前者的1/24，充分证明了在高浓度Fe^{III}背景下测定低浓度Fe^{II}的可行性。

在持续100 h的恒电流密度电化学测试中，获得了含0.25 mol/L KB_i和50 μmol/L $FeSO_4$的KOH溶液中Fe^{II}离子的浓度变化（图4-9）。通过测量不同时间点样品溶液在533 nm处的吸光度，并结合已知的Fe^{II}-红菲咯啉摩尔吸光系数，同时扣除Fe^{III}-红菲咯啉络合物的背景吸光度，计算得出了电化学测试期间电解液中Fe^{II}浓度的动态变化。分析Fe^{II}浓度随时间的变化曲线可以发现，在加入新鲜$FeSO_4$溶液后的初始1 h内，电解液中Fe^{II}浓度迅速下降，随后下降速度减缓。然而，即使在经过100 h的测试后，电解液中仍保持着约 1.3 μmol/L 的低浓度 Fe^{II}。这一结果表明，实现 Fe 自修复循环的稳定仅需依赖含有极低浓度 Fe^{II} 离子的电解液。

(a) 在 10 mA·cm^{-2} 条件下进行 100 h 稳定性测试期间不同时间样品的吸收光谱

(b) 1 h 后样品吸收光谱的放大图

(c) 样品在 533 nm 波长处的吸光度随时间的变化，其中虚线为 50 μmol/L Fe^{III}-红菲咯啉络合物的背景吸收度

(d) 电解液中的 Fe^{II} 浓度随时间的变化曲线

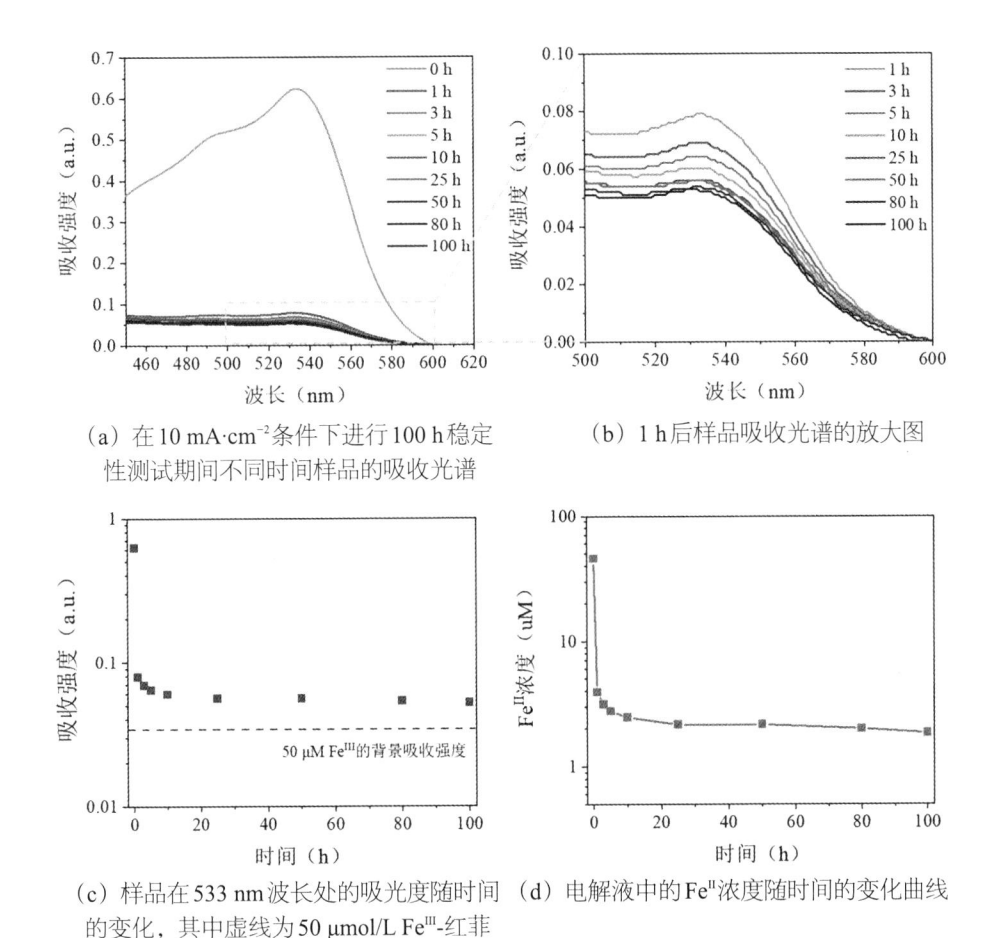

图 4-9　在 OER 测试期间测定的电解液中的 Fe^{II} 浓度

尽管电解液中 Fe^{II} 离子的浓度相对较低，但其存在对于实现 NiCoFe-B$_i$ 催化剂的自修复机制具有至关重要的作用。在含 0.25 mol/L KB$_i$ 和 50 μmol/L Fe^{III} 离子的 KOH 电解液中，对 FTO 表面 NiCoFe-B$_i$ 催化剂进行 100 h 的恒电流测试，电流密度为 10 mA cm^{-2}。结果表明，与在含 Fe^{II} 离子的电解液中表现出的卓越稳定性相比，NiCoFe-B$_i$ 催化剂在含 Fe^{III} 离子的电解液中的稳定

性出现了明显的衰减趋势（图4-10）。这一现象可能归因于Fe物种的再沉积过程主要受溶液中Fe^{III}物种的吸附现象影响[154]，导致其效率不如Co催化Fe^{II}离子的再沉积过程。

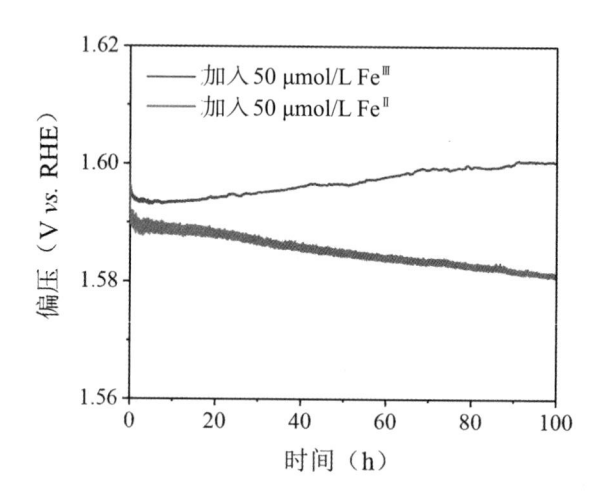

图4-10 $10\ mA·cm^{-2}$下对FTO基底上的$NiCoFe-B_i$催化剂进行100 h的稳定性测试

4.3.3 溶液中高价态Fe^{VI}活性中心的探测

在电化学水氧化研究中，大多数催化剂材料由各类金属氧化物构成。这些金属氧化物在水氧化反应过程中会受到腐蚀，包括结构变化或化学溶解[155]。其中，金属活性物种的溶解是限制催化剂使用寿命的关键因素。对于NiFe基氢氧化物，即使在较低的工作电流密度（$10\ mA·cm^{-2}$）下，电极表面的Fe浸出现象也不可避免，而在较高的电流密度（$200\ mA·cm^{-2}$）下则更为显著[156-158]。这种浸出现象可能源于金属阳离子在不改变其氧化态的情况下的化学溶解，或者是在氧化过程中高价离子发生的溶解。鉴于高价离子通常具有较高的溶解度，后一种浸出过程显得更为显著。然而，在多数情况下，浸出的高价离子浓度过低，难以通过光谱方法直接检测。为了克服这一困难，致力于在工况水溶液条件下实现对高价态Fe活性中间体（如Fe^{IV}、Fe^V或Fe^{VI}等物种）的直接探测。作者通过在含Fe^{II}的电解液中进行大电流密度（100～300 mA·cm^{-2}）长达数百小时的电化学测试，成功地富集了水溶液中溶解的高价态Fe中间体的浓度。最终，通过简单的UV-Vis测试，实现了高价态Fe活性中间体特征信号的探测。

为更有效地富集高价态Fe中间体，首先选用电化学稳定性相对较差的NiFe-B$_i$催化剂进行测试。该催化剂通过电化学沉积法沉积在金箔上，并在H型电解槽的三电极配置下进行测试。电解液选用含0.25 mol/L KB$_i$的KOH溶液，其pH值为14.9。为补充水氧化过程中Fe活性中心的损失，在阳极室的电解液中加入0.5 mmol/L Fe^{II}离子。在300 mA·cm^{-2}的恒定电流密度下进行计时电位测试时［图4-11（a）］，观察到阳极电解液的颜色从初始的透明逐渐转变为浅紫色，并在约300 h后变为深紫色；而阴极液颜色则保持不变（图4-12）。相应的，阳极电解液的UV-Vis光谱电化学测试显示在505 nm和780 nm附近出现明显的吸收峰，且这些峰的强度随时间推移而逐渐增强［图4-11（c）］。这些特征峰归因于高度氧化的Fe^{VI}配合物（$Fe^{VI}O_4^{2-}$）的电子跃迁，其中505 nm和780 nm的吸收分别对应于$^3A_2 \rightarrow {}^3T_1$（F）和$^3A_2 \rightarrow {}^3T_2$的d-d跃迁[159]。此外，吸收曲线中350 nm和570 nm的两个肩部，以及390 nm和675 nm的两个极小值也与$Fe^{VI}O_4^{2-}$的形成密切相关。值得注意的是，若无电化学反应发生，则无法观察到这些特征吸收峰。

505 nm处吸收峰强度随时间的变化趋势与溶液颜色的变化相一致：在约50 h后峰强度开始增加，至300 h后达到饱和状态［图4-11（d）］。在恒电流测试过程中，进一步量化了与上述条件相同的产氧法拉第效率［图4-11（b）］。实验结果显示，实际产氧量与理论产氧量基本一致，这表明在总体电流中，仅有极少部分电流用于$Fe^{VI}O_4^{2-}$的电化学合成。这些结果强有力地证明，在NiFe-B$_i$催化剂的水氧化循环中确实形成了高度氧化的$Fe^{VI}O_4^{2-}$物种。这与Gray等人在非水溶液中的研究结果相吻合[142]，从而首次在工况的水溶液中直接证实了Fe^{VI}是NiFe基催化剂的活性中间体。

(a) NiFe-B$_i$催化剂在300 mA·cm^{-2}电流下的稳定性测试曲线

(b) NiFe-B$_i$催化剂水氧化的法拉第效率

(c) 在稳定性测试过程中，不同时间的电解液的UV-Vis吸收光谱

(d) 在稳定性测试过程中，505 nm波长处电解液的吸光度随时间的变化曲线

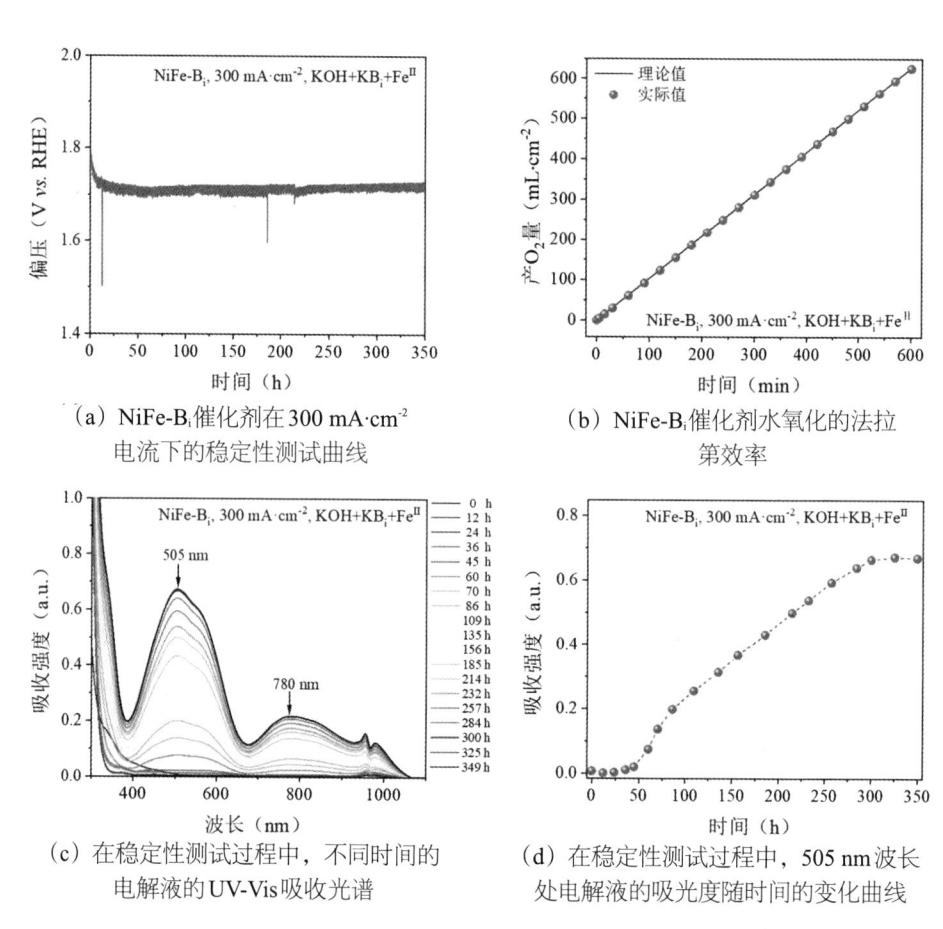

图4-11 直接探测水溶液中高价态Fe^{VI}物种

0 h 50 h 300 h

图4-12 电化学稳定性测试过程中电解液的颜色变化

为进一步证明Fe^{II}离子的添加对于自修复水氧化循环的必要性，通过用相同浓度的Fe^{III}离子取代添加到溶液中的Fe^{II}离子，观测阳极电解液中是否

有 $Fe^{VI}O_4^{2-}$ 物种的产生。在长时间测试过程中，NiFe-B$_i$ 催化剂的稳定性显著下降 [图 4-13（a）]。同时，在阳极电解液的 UV-Vis 光谱中也未观察到 $Fe^{VI}O_4^{2-}$ 物种的特征吸收峰 [图 4-13（b）]。在 400～700 nm 范围内观察到的弱吸收峰可能是由于存在低价 Fe（低于 Fe^{VI}）[160]。这些结果说明，加入到溶液中的 Fe^{III} 离子不足以进行自修复循环和高价态 Fe^{VI} 物种的快速形成。

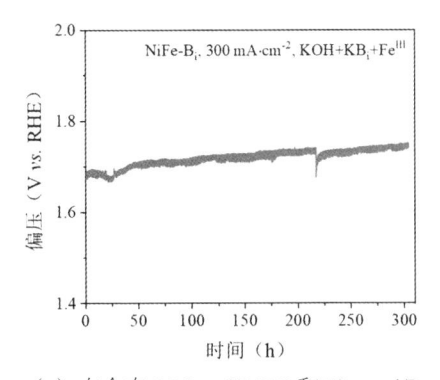

(a) 在含有 0.25 mol/L KB$_i$ 和 50 μmol/L Fe^{III} 离子的 KOH 溶液（pH 为 14.9）中，在 300 mA·cm^{-2} 下对金箔上的 NiFe-B$_i$ 催化剂进行 300 h 的稳定性测试

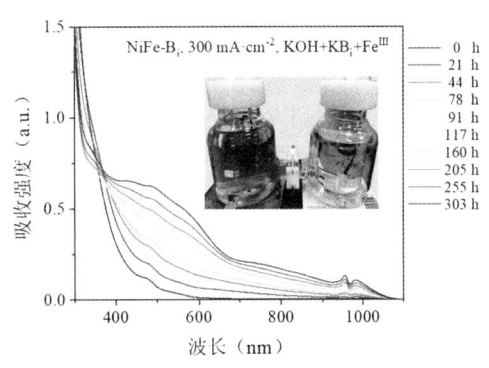

(b) NiFe-B$_i$ 催化剂稳定性测试期间电解液的 UV-Vis 吸收光谱。插图显示了测试后 H 电解槽中溶解物的颜色为棕色（左侧）

图 4-13　电解液中 Fe^{III} 离子的添加对 $Fe^{VI}O_4^{2-}$ 物种生成的影响

针对电化学稳定性良好的 NiCoFe-B$_i$ 催化剂，在自修复水氧化循环中同样证实了 Fe^{VI} 活性中间体的存在。通过电化学沉积技术，将 NiCoFe-B$_i$ 催化剂沉积在金箔上。随后，在与 NiFe-B$_i$ 催化剂相同的测试环境中，以 100 mA·cm^{-2} 的电流密度进行了恒电流的计时电位测试 [图 4-14（a）]。同时，记录了测试过程中阳极电解液的 UV-Vis 吸收光谱变化 [图 4-14（b）]。实验结果显示，随着时间的推移，电解液中同样检测到了 $Fe^{VI}O_4^{2-}$ 活性中间体的生成。进一步实验，比较了 NiCoFe-B$_i$ 催化剂与 NiFe-B$_i$ 催化剂在相同电流密度下，阳极电解液在 505 nm 处吸光度的变化 [图 4-14（c）]。结果显示，使用 NiCoFe-B$_i$ 催化剂时，$Fe^{VI}O_4^{2-}$ 活性中间体的生成速度较快，且在较高浓度下达到饱和。这一结果表明，Co 的引入有助于形成高度氧化的 Fe^{VI} 活性中间体。为了更全面地了解 NiCoFe-B$_i$ 催化剂中产生 $Fe^{VI}O_4^{2-}$ 活性中间体的情

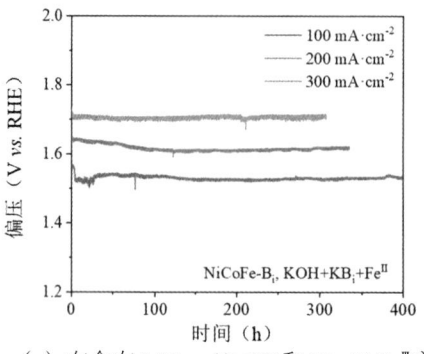

(a) 在含有 0.25 mol/L KB_i 和 50 μM Fe^{III} 离子的 KOH 溶液 (pH 为 14.9) 中,在 100 mA·cm^{-2}、200 mA·cm^{-2} 和 300 mA·cm^{-2} 下对金箔上的 NiCoFe-B_i 催化剂进行稳定性测试

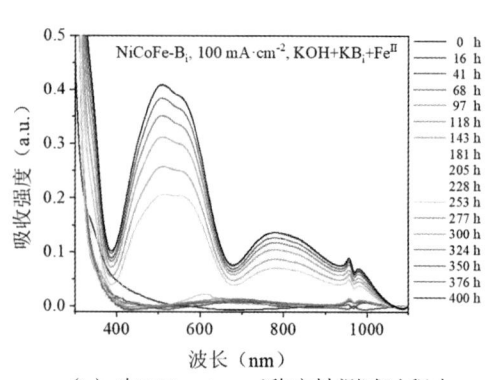

(b) 在 100 mA·cm^{-2} 稳定性测试过程中电解液不同时间的 UV-Vis 吸收光谱

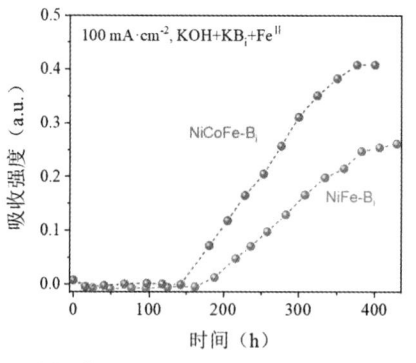

(c) 在 NiFe-B_i 和 NiCoFe-B_i 的 100 mA·cm^{-2} 催化剂稳定性测试过程中,505 nm 波长处电解液的吸光度随时间的变化曲线

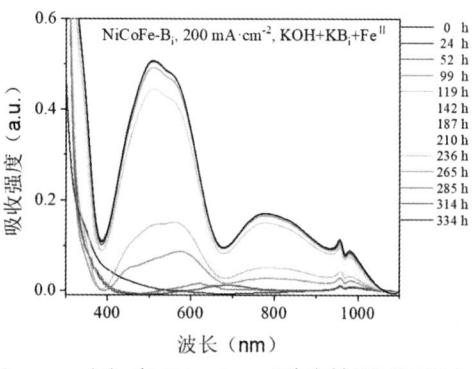

(d) 在 200 mA·cm^{-2} 稳定性测试过程中电解液不同时间的 UV-Vis 吸收光谱

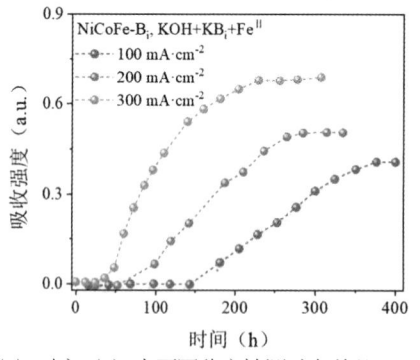

(e) 对应 (a) 中不同稳定性测试条件的 505 nm 波长处电解液的吸光度随时间的变化曲线

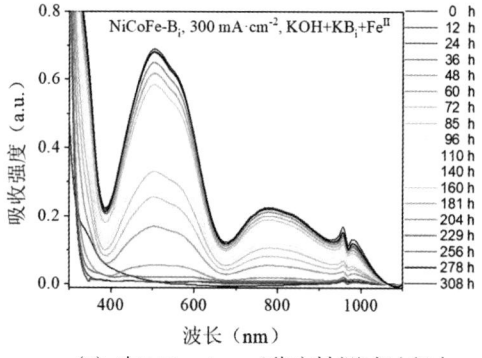

(f) 在 300 mA·cm^{-2} 稳定性测试过程中电解液不同时间的 UV-Vis 吸收光谱

图 4-14 Co 引入到 NiFe-B_i 催化剂中对 $Fe^{VI}O_4^{2-}$ 物种生成的影响

况，作者测试了其他电流密度下阳极电解液的UV-Vis吸收光谱的变化，包括200 mA·cm^{-2}和300 mA·cm^{-2}［图4-14（d）、(f)］。在这些不同电流密度的测试过程中，观察到阳极电解液在505 nm处的吸光度变化呈现出相似的趋势，但在较高的电流密度下，Fe^{VI}O$_4^{2-}$活性中间体能够更快速地生成，并在更高的浓度下达到饱和状态［图4-14（e）］。这表明Fe^{VI}O$_4^{2-}$活性中间体的产生速度与电化学反应的电流密度成正相关，进一步说明促进Fe^{VI}物种的形成对于提升催化剂活性的重要性。

综上所述，最终完善了光阳极表面NiCoFe-B$_i$助催化剂的自修复水氧化循环机制（图4-15）。NiCoFe-B$_i$助催化剂薄膜由均匀分布的Ni、Co、Fe位点构成，其中Ni位点是热力学上稳定的宿主，与Fe、Co位点紧密结合。Co位点则发挥着促进Fe位点再沉积的关键作用，确保了Fe位点数量的稳定性。Fe位点作为活性中心，在PEC水氧化循环中，处于角位上的Fe^{III}OOH被氧化成Fe^{VI}O$_4^{2-}$中间体。

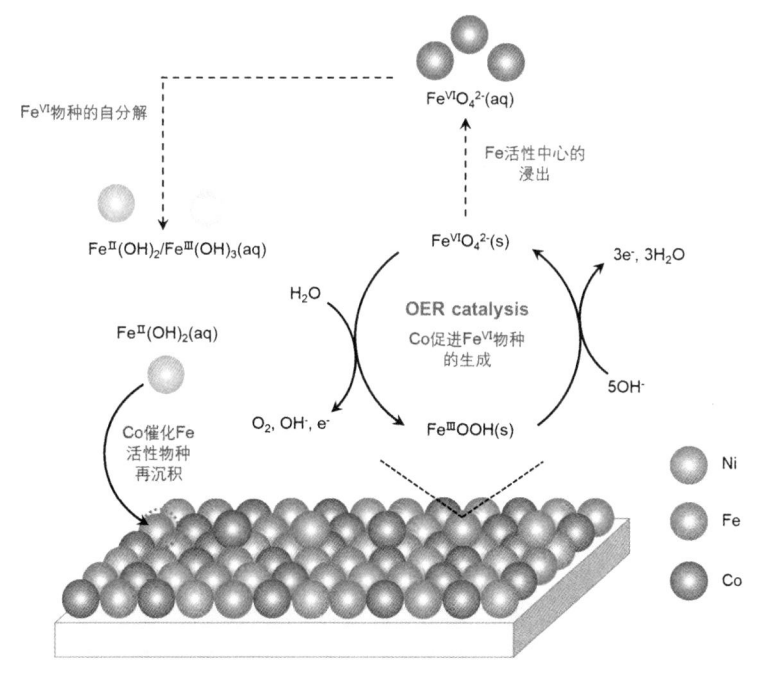

图4-15 光阳极表面NiCoFe-B$_i$助催化剂的自修复水氧化循环机制

Fe 参与水氧化循环的具体反应方程式为

$$Fe^{III}OOH + 3OH^- \to H_2Fe^{IV}O_4^{2-} + H_2O + e^- \tag{4-5}$$

$$H_2Fe^{IV}O_4^{2-} + OH^- \to HFe^VO_4^{2-} + H_2O + e^- \tag{4-6}$$

$$HFe^VO_4^{2-} + OH^- \to Fe^{VI}O_4^{2-} + H_2O + e^- \tag{4-7}$$

$$Fe^{VI}O_4^{2-} + H_2O \to Fe^{III}OOH + O_2 + OH^- + e^- \tag{4-8}$$

由于热力学不稳定性，微量的 $Fe^{VI}O_4^{2-}$ 会从电极表面浸出到电解液中[161]。$Fe^{VI}O_4^{2-}$ 离子作为一种强氧化剂会自分解为 $Fe^{III}(OH)_3$。并且，在这个反应过程中，会形成 $Fe^{II}(OH)_2$ 中间体[162-164]。这些中间体的存在是 NiCoFe-B$_i$ 助催化剂自修复过程中 Fe 活性中心重新沉积的重要条件之一。在强碱性条件下，$Fe^{VI}O_4^{2-}$ 的分解速度相对较慢[165]，这为中间产物在电解液中的富集和探测提供了基础。此外，作为提高催化活性的关键因素，促进 Fe^{VI} 中间体的形成将有利于提高整体的 PEC 水氧化活性。上述实验结果表明，Co 对 $Fe^{VI}O_4^{2-}$ 活性中间体的形成有促进作用。Co 提高 $Fe^{VI}O_4^{2-}$ 活性中间体的生成速度的路径有两种可能：一种可能是 Co 对 Fe 再沉积的催化作用导致 Fe 活性中心的增加，进而导致 Fe^{VI} 中间体的形成增加；另一种可能是 Co 对 Fe^{III} 到 Fe^{VI} 氧化具有催化作用，从而增加了 Fe^{VI} 中间体的产率。无论如何，NiCoFe-B$_i$ 助催化剂的自修复机制对实现 NiO/n-Si 光阳极的活性和稳定性提升都起着至关重要的作用。

4.4 本章小结

本章中，通过在 NiO/n-Si 光阳极表面耦合具有高的内在催化活性、超长的自修复稳定性、与光吸收体兼容的合成路线、高的光透过率，以及独特的薄膜厚度自限性的 NiCoFe-B$_i$ 助催化剂实现了 PEC 性能和稳定性的提升。所构建的 NiCoFe-B$_i$/NiO/n-Si 光电极在 NiO/n-Si 光阳极 1.54% 的基础上将HC-STH效率提升至约2.00%,并且解决了n-Si光阳极稳定性测试中通常出现的饱和电流密度保持相对恒定而光电流起始电位发生正向偏移的PEC活性衰减问题,保持了长达100 h的PEC效率的稳定。并且,通过对溶液中Fe^{II}离子的直接探测和首次在工况下对水溶液中Fe^{VI}活性中间体的直接探测,解释并完善了提升NiO/n-Si光阳极稳定性和活性的自修复机制。具体而言,NiO/n-Si光电极的稳定性提升依赖于Co对Fe^{II}离子的氧化沉积过程,而活性提升依赖于高价态的Fe^{VI}物种的产生。更为重要的是,在工作条件下直接检测到水溶液中高价态的Fe^{VI}物种,为Fe是NiFe基催化剂的活性中心提供了确凿的证据,对于结束关于NiFe基催化剂中"Fe是活性中心,还是Ni是活性中心"的争论具有标志性意义。并且,在其他添加剂(如Co)促进Fe^{VI}活性物种形成方面的见解为设计更高活性的表面催化剂提供了实际应用的指导。

第五章

硅光阳极中 Cu_xO 界面层的研究

5.1 引言

为了提升PEC水氧化的能量转化效率,除了耦合高催化活性的OER助催化剂,开发具有高光电转换效率的半导体光吸收体也是一条不可或缺的途径。在此过程中,半导体光吸收体与助催化剂之间的埋藏界面在诱导空穴提取方面扮演着至关重要的角色。为了获取具备高光电转换效率的半导体光吸收体,通常需要引入适当的界面层来调控埋藏界面的能量状态。这些界面层能够优化半导体与保护层/助催化剂层之间的能带边匹配程度,进而促进空穴从半导体向表面活性位点的转移,从而推动水氧化反应的进行。

在n-Si光阳极领域,先进的器件设计常采用p型金属氧化物(如NiO_x、CoO_x、SnO_x和$NiCoO_x$)作为n-Si与表面助催化层之间的界面层[61, 65]。这些界面层在n-Si光吸收体表面形成一个掩埋的PN型异质结,能显著提升其PEC性能。例如,Lewis等人[103]利用包含CoO_x中间层的NiO_x/n-Si光阳极,实现了长达1 700 h的饱和光电流密度稳定,测试偏压为1.63 V vs. RHE。然而,由于低偏压区光电流密度的下降,该器件的HC-STH效率在稳定性测试后从2.20%降至约0.74%。当前,最高效率的n-Si光阳极采用在n-Si光吸收体和Ni基助催化剂之间插入SnO_x中间层的设计,其HC-STH达到了4.1%[64]。遗憾的是,经过25 h的稳定性测试后,该器件的HC-STH值迅速下降到约2.8%。这些开创性的研究强调了界面工程在提高n-Si光阳极效率和稳定性方面的重要性。

尽管在本书的第三章和第四章中通过采用更先进的电子束蒸发技术,在n-Si光吸收体表面制备了更均匀、晶格条纹更有序的NiO薄膜,相较于反应溅射法制备的样品(在1.23 V vs. RHE偏压下无明显光电流响应),其将n-Si光阳极HC-STH效率提升至1.54%,并且通过与理想的NiCoFe-B$_i$助催化剂耦合,解决了n-Si光阳极在稳定性测试中常见的PEC活性衰减问题,实现了长达100 h的PEC活性稳定。然而,NiCoFe-B$_i$/NiO/n-Si光阳极接近2.00%的HC-STH效率仍然远低于当前n-Si光阳极HC-STH的最高效率记录4.1%[64]。因此,为了实现n-Si光阳极上高效稳定的PEC水氧化,能量匹配和化学稳定的界面设计仍需持续深入探索。

设计理想的埋藏界面有赖于精确表征界面的化学/电子特性,这样才能将界面特性与PEC性能直接联系起来。在众多技术中,XPS是表征表面化学/电子特性最常用的手段[166]。然而,由于传统XPS的探测深度限制在几纳米范围内,表征埋藏界面,尤其是那些位于表面下几十纳米的界面,显得极具挑战性。因此,以往常采用具有破坏性的深度剖面分析方法来研究界面层[166]。为了更准确地获取界面特性信息,并指导理想埋藏界面的设计,非破坏性的XPS表征方法显得尤为重要。

于此,本章节采用HAXPES技术,直接探测了NiO/n-Si掩埋界面中插入的Cu_xO界面层。研究发现,随着在空气中储存时间的增加,NiCoFe-B$_i$/NiO/Cu_xO/n-Si光阳极的HC-STH效率呈现出逐渐提升的趋势。HAXPES分析表明,这一效率提升与Cu_xO中间层从Cu_2O相到CuO相的原位相变密切相关。并且,CuO相在NiO/n-Si界面上表现出更为有利的能量状态。基于这一重要发现,本章开发了一种反应电子束蒸发工艺,用于直接沉积CuO

中间层。当与高效的NiCoFe-B$_i$助催化剂结合使用时，优化后的NiCoFe-B$_i$/NiO/CuO/n-Si异质结光阳极展现出了创纪录的4.56% HC-STH效率，且在连续运行100 h后性能衰减微乎其微。

5.2 Cu$_x$O中间层引入对NiCoFe-B$_i$/NiO/n-Si光阳极的影响

5.2.1 NiCoFe-B$_i$/NiO/Cu$_x$O/n-Si光阳极的形貌表征

NiO/Cu$_x$O/n-Si异质结构的制备采用电子束蒸发法，在具有自然氧化形成的SiO$_x$的n-Si基底上直接沉积Cu$_x$O层和NiO层。引入超薄Cu$_x$O层（电子束蒸发仪器检测到的厚度为0.5 nm）来修饰NiO/n-Si界面，希望优化NiO和n-Si之间的能带排列。为了提升水氧化反应动力学，采用与本书第四章中相同的沉积条件，通过光辅助电化学沉积法在NiO/Cu$_x$O/n-Si光阳极上修饰了具有自修复能力的NiCoFe-B$_i$助催化剂。利用HR-TEM对电极的横截面进行了详细分析［图5-1（a）、(b)］。同时，在STEM模式下，结合EDS对元素分布进行研究［图5-1（c）～（e）］。这些分析手段能够清晰地观察到NiCoFe-B$_i$/NiO/Cu$_x$O/n-Si的层状结构。经过测量，优化后的NiO薄膜厚度约为20 nm。这一结果与本书第三章中描述的NiO薄膜的厚度保持一致。值得注意的是，由于Cu$_x$O层的厚度极薄并且STEM的探针尺寸为1 nm，因此在TEM图像或STEM-EDS元素分布图中无法精确观察到Cu$_x$O中间层的层状结构。不过，在STEM-EDS元素分布图中，可以观察到位于n-Si层和NiO层的Cu元素的分布，这可以间接证明Cu$_x$O层的存在。此外，优化后的NiCoFe-B$_i$催化剂层厚度约为13 nm，其中Ni、Co和Fe元素分布均匀。这一结果与本书第四章中描述的NiCoFe-B$_i$助催化剂的测量结果一致，表明Cu$_x$O中间层的插入并未影响表面助催化剂的沉积。

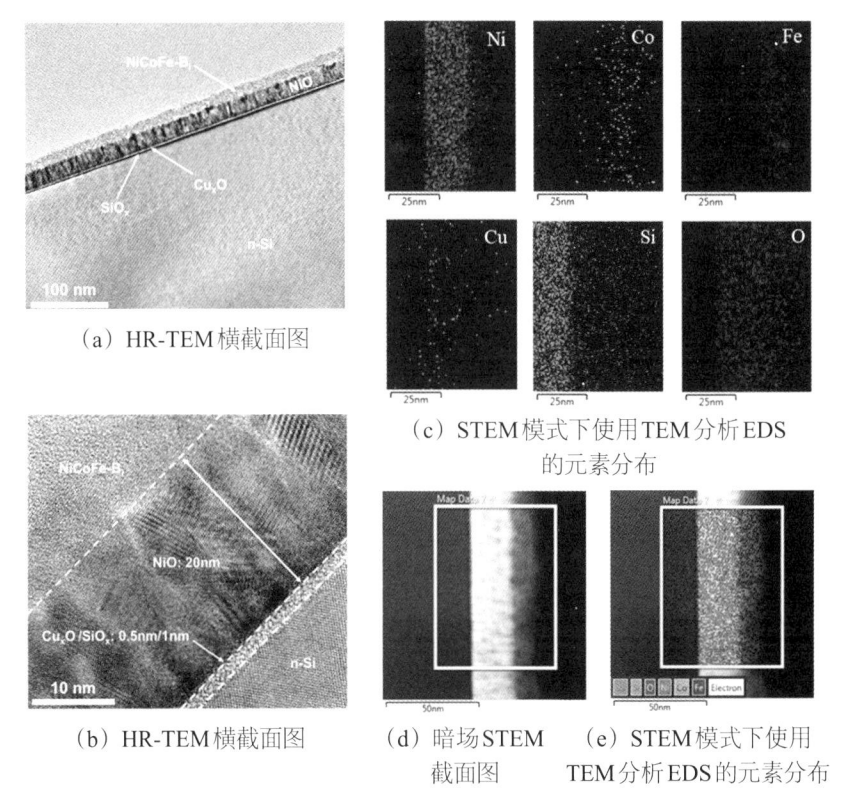

(a) HR-TEM横截面图

(b) HR-TEM横截面图

(c) STEM模式下使用TEM分析EDS的元素分布

(d) 暗场STEM截面图

(e) STEM模式下使用TEM分析EDS的元素分布

图5-1　NiCoFe-B$_i$/NiO/Cu$_x$O/n-Si异质结构光阳极的结构特征

5.2.2　NiCoFe-B$_i$/NiO/Cu$_x$O/n-Si光阳极的PEC活性变化

NiCoFe-B$_i$/NiO/Cu$_x$O/n-Si光阳极的PEC水分解性能测试严格遵循本书第三章和第四章所设定的测试条件，电解液为含有0.25 M KB$_i$和50 μM FeSO$_4$的KOH电解液，pH值保持在14。首先，系统地对Cu$_x$O中间层、NiO空穴提取保护层，以及对NiCoFe-B$_i$助催化剂层的厚度进行优化，测试了不同层厚的 NiCoFe-B$_i$/NiO/Cu$_x$O/n-Si 光阳极的 PEC 活性。图 5-2（a）、（b）展示了在保持 NiO 层厚度为 20 nm，并使用 30 μA·cm^{-2} 恒电流密度进行光辅助电化学沉积 NiCoFe-B$_i$ 助催化剂的条件下，不同 Cu$_x$O 中间层厚度的 NiCoFe-B$_i$/NiO/Cu$_x$O/n-Si 光阳极的 J-V 曲线。测试结果表明，随着 Cu$_x$O 中间层厚度从 0.3 nm 增加至 1.5 nm，光阳极的饱和电流密度呈现下降趋势，从 31.3 mA·cm^{-2} 降低至 28.8 mA·cm^{-2}。这一现象表明 Cu$_x$O 中间层厚度的增加造成了对底层光吸收层入射光的遮挡。在 PEC 测试中，当 Cu$_x$O 中间层厚度为 0.5 nm 时，光阳极展现出最佳的 PEC 活性，其光电流起始电位为 0.94 V vs. RHE，偏压在 1.23 V vs. RHE 时的电流密度为 29.2 mA·cm^{-2}。计算获得的 HC-STH 效率达到了 2.23%，相较于无 Cu$_x$O 中间层的光阳极（其 HC-STH 效率为 2.00%）有显著提升，这充分证明适当厚度的 Cu$_x$O 中间层对提升 NiCoFe-B$_i$/NiO/n-Si 光阳极的 PEC 活性具有积极作用。对于过薄的 Cu$_x$O 中间层（小于 0.5 nm），n-Si 光阳极性能的衰减很可能是由于该中间层对光吸收体的覆盖率不足，进而削弱了界面的优化效果。图 5-2（c）、（d）展示了在保持 Cu$_x$O 层厚度为 0.5 nm，并使用相同的 NiCoFe-B$_i$ 助催化剂沉积条件，不同 NiO 层厚度的 NiCoFe-B$_i$/NiO/Cu$_x$O/n-Si 光阳极的 J-V 曲线。实验数据与本书第三章中关于不同 NiO 层厚度的 NiO/n-Si 光阳极 PEC 性能优化的结果相吻合。在 NiO 层厚度范围为 5~40 nm 的测试中，当厚度为 20 nm 时，光阳极展现出最优的 PEC 活性。图 5-2（e）、（f）展示了保持 Cu$_x$O 层厚度为 0.5 nm，NiO 层厚度为 20 nm，不同 NiCoFe-B$_i$ 助催化剂层厚度的 NiCoFe-Bi/NiO/Cu$_x$O/n-Si 光阳极的 J-V 曲线。实验数据与本书第四章中关于不同 NiCoFe-B$_i$ 助催化剂层厚度的 NiCoFe-B$_i$/NiO/n-Si 光阳极 PEC 性能优化的结果相一致。在 NiCoFe-B$_i$ 助催化剂沉积条件为 10~50 μA·cm^{-2} 的恒电流密度范围内，当使用 30 μA·cm^{-2} 恒电流密度进行沉积时，光阳极表现出最佳的 PEC 活性。最终，通过系统的优化实验，确定了 Cu$_x$O、NiO 和 NiCoFe-B$_i$ 层的最佳厚度分别为 0.5 nm、20 nm，并使用 30 μA·cm^{-2} 恒电流密度进行沉积的条件。

(a) 不同 Cu_xO 层厚度

(b) 对应（a）中 J-V 曲线的 HC-STH 效率

(c) 不同 NiO 层厚度

(d) 对应（c）中 J-V 曲线的 HC-STH 效率

(e) 不同 NiCoFe-B$_i$ 层厚度

(f) 对应（e）中 J-V 曲线的 HC-STH 效率

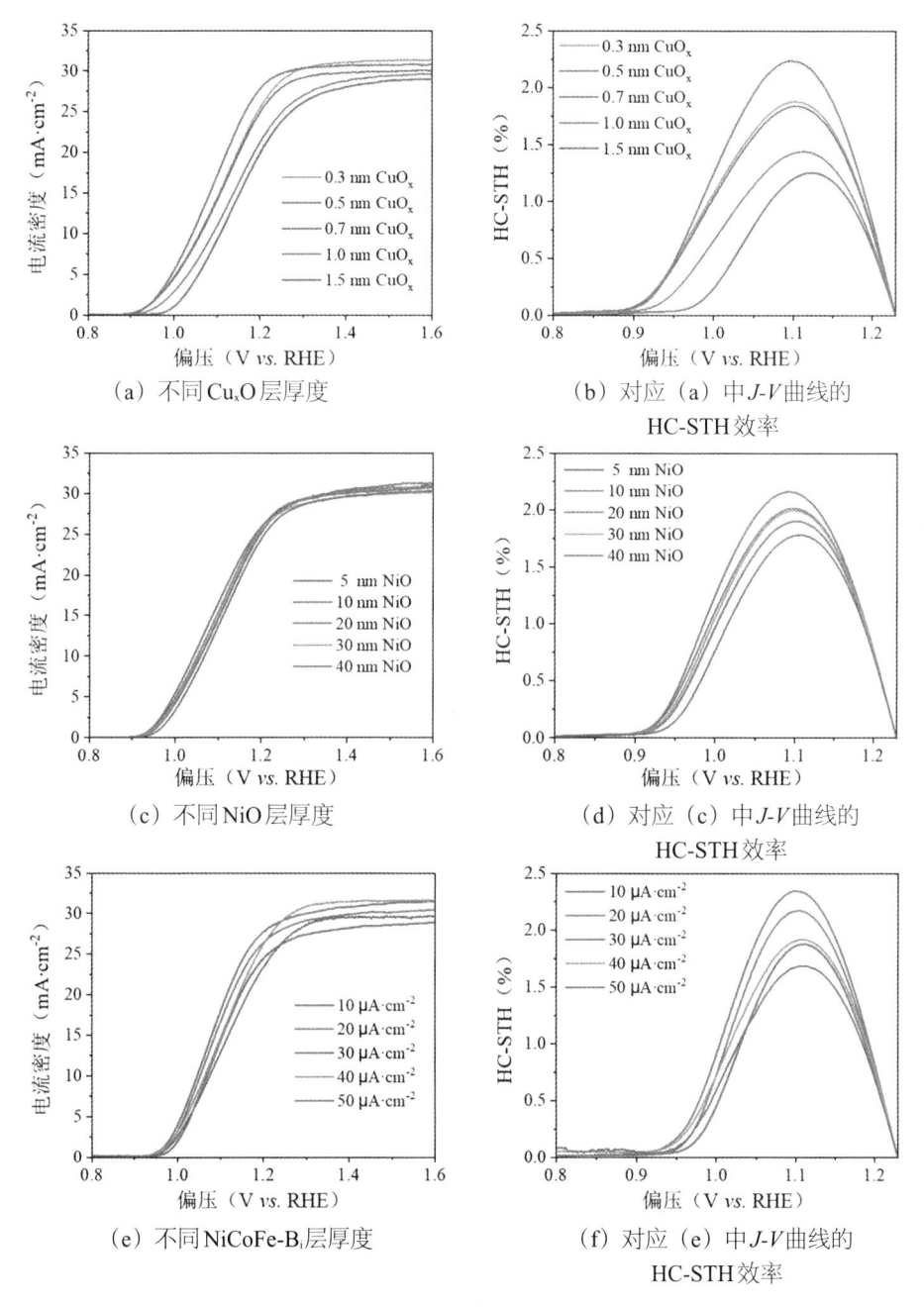

图 5-2 不同 Cu_xO、NiO 和 NiCoFe-B$_i$ 层厚度的 NiCoFe-B$_i$/NiO/Cu_xO/n-Si 光阳极的 PEC 性能

在对优化后的 NiCoFe-B$_i$/NiO/Cu$_x$O/n-Si 光阳极进行 PEC 活性测试时，发现一个显著的现象：随着样品在空气中暴露时间的增长，其 PEC 活性呈现逐步增强的趋势。通过对比不同暴露时间下的 J-V 曲线，可以清晰地观察到这一变化过程 [图 5-3（a）]。新制备的 NiCoFe-B$_i$/NiO/Cu$_x$O/n-Si 光阳极（0 天）的光电流起始电位为 0.94 V vs. RHE，偏压在 1.23 V vs. RHE 时的电流密度为 29.2 mA·cm^{-2}，饱和光电流密度约为 30.7 mA·cm^{-2}。随着光阳极样品在空气中暴露时间的延长，虽然饱和光电流密度没有增加，但光电流起始电位却呈现出明显的阴极移动趋势。在 21 天后光电流起始电位达到最低值，约为 0.88 V vs. RHE。同时，J-V 曲线的填充因子随着暴露在空气中时间的延长而显著提高，即使在光电流起始电位达到最小值时，这一趋势依然保持。光电流起始电位的降低和填充因子的提高共同促成了 NiCoFe-B$_i$/NiO/Cu$_x$O/n-Si 光阳极 HC-STH 效率的显著改善 [图 5-3(b)、(c)]。光阳极的 HC-STH 效率从新制备样品（0 天）的 2.23% 提高到 28 天后的 4.22%。相比之下，没有 Cu$_x$O 中间层的 NiCoFe-B$_i$/NiO/n-Si 光阳极样品在相同条件下暴露于空气中后，并未观察到类似的性能提升。如图 5-3（d）所示，暴露在空气中后，NiCoFe-B$_i$/NiO/n-Si 光阳极的 J-V 曲线形状没有发生明显变化。NiCoFe-B$_i$/NiO/n-Si 光阳极的 HC-STH 保持在相对较低的水平，约为 1.90% [图 5-3(e)、(f)]。这些 PEC 结果表明，NiCoFe-B$_i$/NiO/Cu$_x$O/n-Si 光阳极的 PEC 活性增强可能是由于 Cu$_x$O 中间层暴露在空气期间发生了变化。这一发现为进一步理解并优化光阳极性能提供了重要线索。

(a) 不同空气中暴露时间的NiCoFe-B$_i$/NiO/Cu$_x$O/n-Si光阳极的J-V曲线

(b) 对应（a）中J-V曲线的HC-STH效率

(c) NiCoFe-B$_i$/NiO/Cu$_x$O/n-Si光阳极在空气中暴露时间和HC-STH效率的关系图

(d) 不同空气中暴露时间的NiCoFe-B$_i$/NiO/n-Si光阳极的J-V曲线

(e) 对应（d）中J-V曲线的HC-STH效率

(f) NiCoFe-B$_i$/NiO/n-Si光阳极在空气中暴露时间和HC-STH效率的关系图

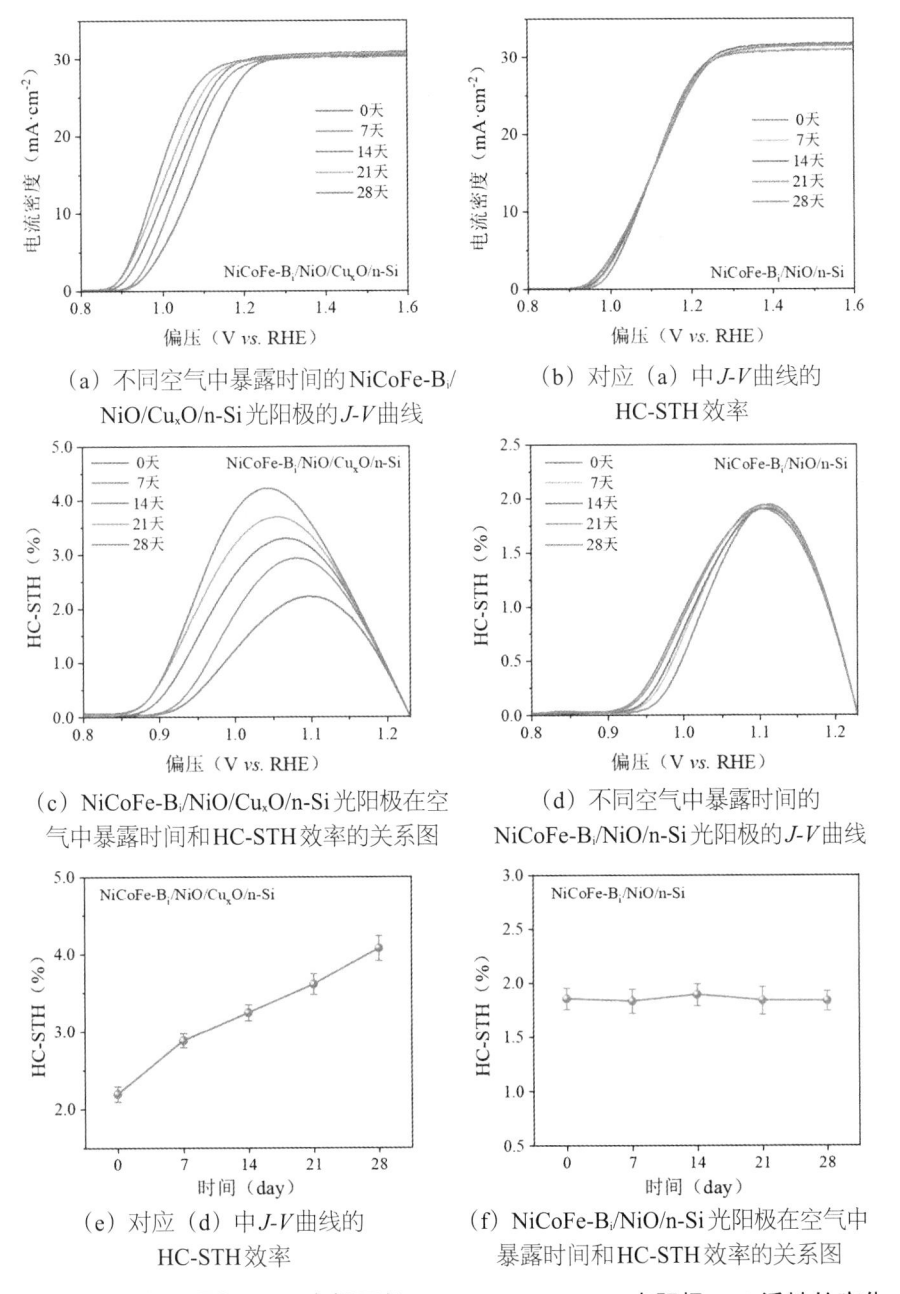

图5-3 添加和不添加Cu$_x$O中间层的NiCoFe-B$_i$/NiO/n-Si光阳极PEC活性的变化

5.2.3 Cu_xO 中间层原位转变的光电子能谱表征

为了深入探究 NiO/Cu_xO/n-Si 样品中 Cu_xO 中间层在空气暴露过程中的化学变化，采用了高能 HAXPES 技术对其埋藏界面进行了详细表征。HAXPES 的工作原理与传统 XPS 类似[166]，均是通过光子辐射样品，激发原子或分子的内层电子或价电子。这些被激发的电子被称为光电子。通过测量光电子的计数和动能，并绘制相应的光电子能谱，可以分析能谱中的特征峰数据，从而获取待测物质的成分和相对含量信息 [图 5-4(a)]。与传统的使用软 X 射线源（如 Al Kα，1486.6 eV）的 XPS 相比，HAXPES 采用高能 X 射线源（如 Cr Kα，5414.9 eV），其探测深度增加了约三倍，这使得我们能够直接表征被 NiO 层（20 nm）覆盖下的 Cu_xO 中间层的化学状态转变 [图 5-4(b)]。

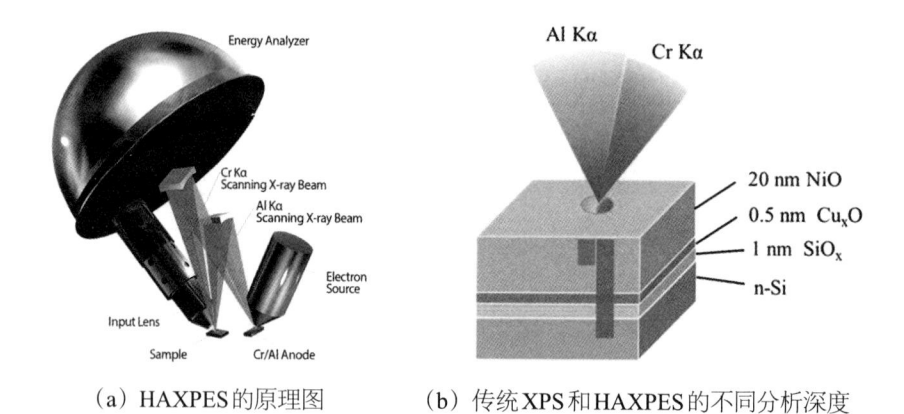

(a) HAXPES 的原理图　　(b) 传统 XPS 和 HAXPES 的不同分析深度

图 5-4　NiO/Cu_xO/n-Si 样品的 HAXPES 表征

如图 5-5 和图 5-6 所示，HAXPES 不仅能够检测到来自顶部 NiO 层的 Ni 和 O 信号，而且直接探测到了来自埋藏界面的 Cu 和 Si 信号。尤为重要的是，通过对比不同空气暴露时间下 NiO/Cu_xO/n-Si 样品的 Cu 2p 核能级 HAXPES 光谱，观察到了 Cu_xO 中间层在 NiO 层下的原位化学转变。对于新制备的样品（0天），Cu $2p_{3/2}$ 峰结合能位置主要位于932.4 eV处。然而，随着在空气中暴露时间的增长，Cu $2p_{3/2}$ 峰的中心结合能位置逐渐转移到934.4 eV。经过空气暴露后，NiO/Cu$_x$O/n-Si样品的Cu $2p_{3/2}$ 峰分裂为两个明显的峰，分别位于结合能约932.4 eV和约934.6 eV位置，这分别对应于Cu$_2$O和CuO的化学状态[167, 168]。此外，随着暴露时间的延长，Cu$_2$O峰的相对强度逐渐减弱，而CuO峰的相对强度则逐渐增强。经过28天的空气暴露后，CuO成为主要的Cu物种，占据总Cu物种的79.36%（表5-1）。同时，还观察到，与CuO物种相关的卫星峰（位于结合能约940～945 eV位置）的强度也随暴露时间的增加而增强。这些结果共同表明，在长期的空气暴露过程中，Cu$_x$O中间层发生了从Cu$_2$O到CuO的原位化学转变。同时，尽管NiO/Cu$_x$O/n-Si样品在

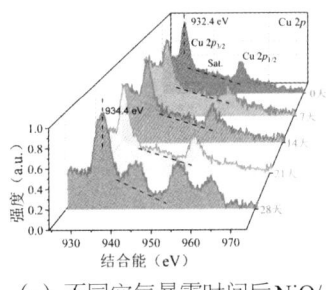

（a）不同空气暴露时间后NiO/Cu$_x$O/n-Si样品的Cu 2p核能级HAXPES能谱

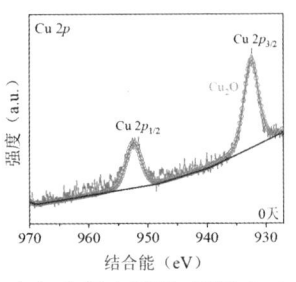

（b）空气中暴露0天后Cu 2p核能级HAXPES能谱的拟合结果

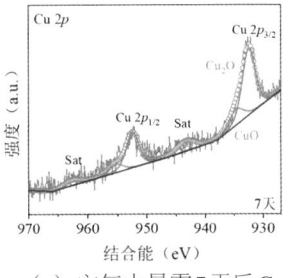

（c）空气中暴露7天后Cu 2p核能级HAXPES能谱的拟合结果

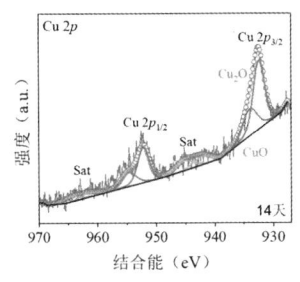

（d）空气中暴露14天后Cu 2p核能级HAXPES能谱的拟合结果

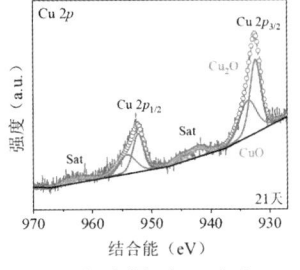

（e）空气中暴露21天后Cu 2p核能级HAXPES能谱的拟合结果

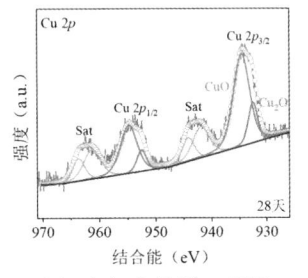

（f）空气中暴露28天后Cu 2p核能级HAXPES能谱的拟合结果

图 5-5 Cu_xO 中间层的 HAXPES 能谱特征在空气中暴露后的变化

空气暴露后其 Ni $2p_{3/2}$ 能谱发生了向高结合能方向的轻微偏移（约 0.3 eV），这主要归因于表面氧化吸附作用，但这并未改变 NiO 层的主体化学状态 [图 5-6（c）]。因此，可以推断，NiCoFe-B$_i$/NiO/Cu_xO/n-Si 光阳极在空气暴露后 PEC 活性的提升主要归因于 Cu_xO 中间层从 Cu_2O 到 CuO 的原位化学转变。

（a）C 1s 核能级 HAXPES 能谱　　（b）O 1s 核能级 HAXPES 能谱

（c）Ni $2p_{3/2}$ 核能级 HAXPES 能谱　　（d）Si 1s 核能级 HAXPES 能谱

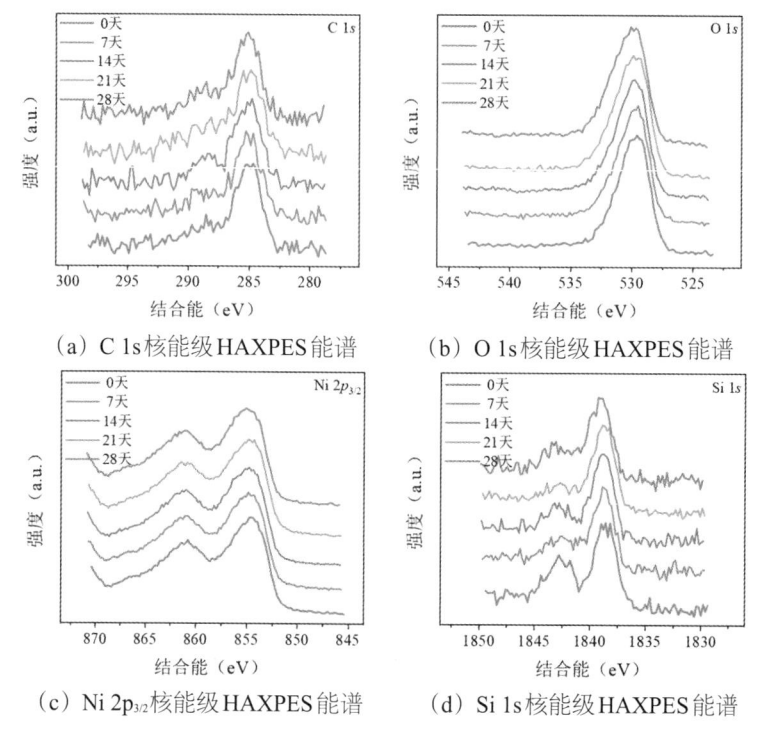

图 5-6　不同空气暴露时间后，NiO/Cu_xO/n-Si 样品的 HAXPES 能谱

表 5-1　NiO/Cu_xO/n-Si 样品中 Cu 元素的化合价随空气暴露时间的变化

时间/天	0	7	14	21	28
Cu^{II} 占 Cu 总量的比/%	0	20.63	32.21	44.13	79.36

如图 5-7 所示，Cu_xO 中间层的原位转变很可能遵循吸附氧离子沿晶界扩散的过程。当氧分子被吸附在 NiO/Cu_xO/n-Si 样品表面时，它们会被 NiO 表

面存在的空闲阴离子空穴晶格位点极化，进而形成 $O_{2\,ads}^{-}$ 离子[169, 170]。随后，这些在 NiO 表面形成的 $O_{2\,ads}^{-}$ 离子通过晶界逐渐扩散至薄膜的主体中。鉴于 NiO 层是通过电子束蒸发沉积形成的，其有序晶格排列的结构特性［图 3-2 (b)、(c)］会形成大量贯穿整个 NiO 层的晶界。一般认为，结晶固体中离子沿晶界扩散的速度比通过晶格本体扩散的速度更快[171, 172]。因此，可以推断，$O_{2\,ads}^{-}$ 离子极有可能沿着 NiO 层的晶界垂直扩散，随后在水平方向上逐渐氧化 Cu_xO 中间层。这一过程为 Cu_xO 中间层的原位转变提供了合理的解释。

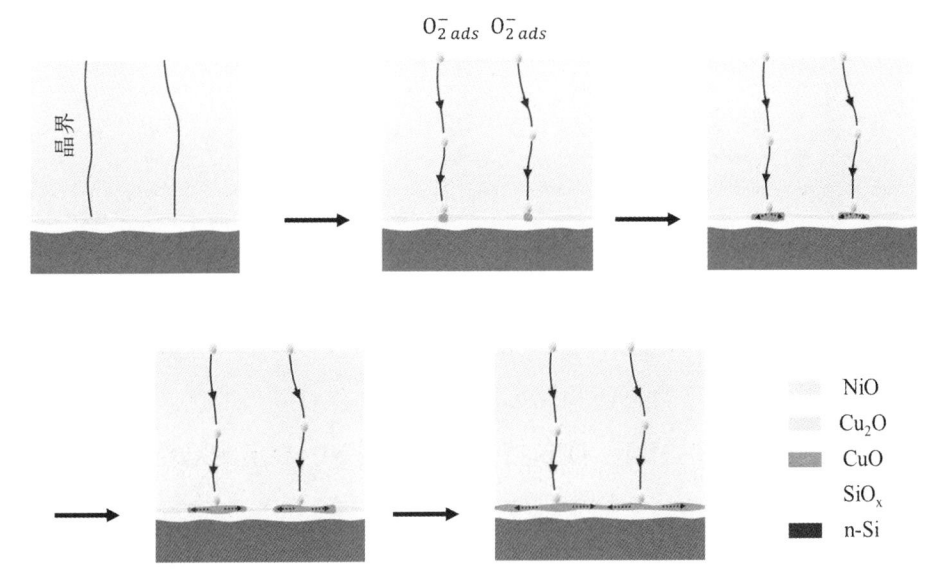

图 5-7 在空气暴露的不同阶段，Cu_xO 中间层从 Cu_2O 到 CuO 的原位转化过程示意图

Ni $2p_{3/2}$ 和 O 1s 核能级 HAXPES 能谱向更高结合能的轻微偏移，有力支持了吸附氧离子沿晶界扩散的机制。为了深入理解这一过程，对不同空气暴露时间的 NiO/Cu_xO/n-Si 样品的 Ni $2p_{3/2}$ 核能级 HAXPES 能谱进行拟合分析（图 5-8）。Ni $2p_{3/2}$ 的主峰拟合为峰 1 和峰 2，Ni $2p_{3/2}$ 的卫星峰拟合为峰 3 和峰 4。在主峰的特征中，结合能位于 854.0 eV 的峰 1 是由 Ni-O 键中 Ni^{II} 造成的，而结合能位于 856.1 eV 的峰 2 则是受表面吸附氧的影响而产生的 Ni^{III} 贡献的[127]。

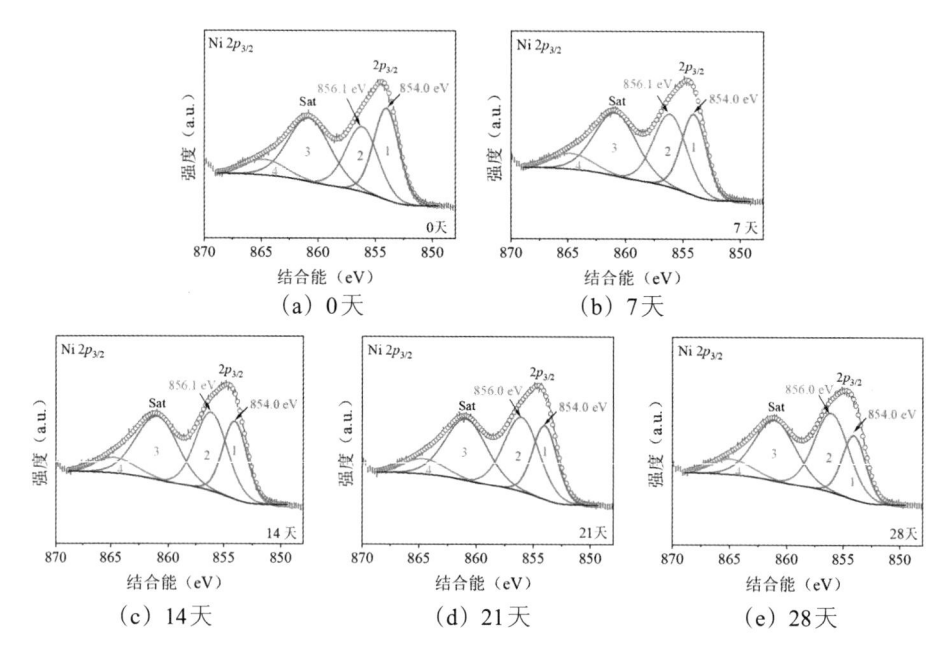

图5-8　NiO/Cu$_x$O/n-Si样品在空气中暴露不同时间后Ni 2p$_{3/2}$核能级HAXPES能谱的拟合结果

相应地，对NiO/Cu$_x$O/n-Si样品的O 1s核能级HAXPES能谱进行了拟合分析（图5-9）。鉴于NiO层的厚度及其表面位置对能谱的影响，O 1s能谱主要展现了NiO层的特征。O 1s特征包括来自Ni—O键的晶格氧和表面化学吸附氧（即O$_{2\,ads}^-$），它们分别位于529.4 eV和531.0 eV的结合能位置[128,129]。这些结果与本书第三章中关于NiO薄膜的XPS表征结果相吻合。在空气暴露后，尽管Ni 2p$_{3/2}$和O 1s能谱中拟合峰的位置没有发生显著变化，但受表面吸附氧离子影响的Ni 2p$_{3/2}$的峰2和O 1s中结合能为531.0 eV的特征峰的面积逐渐增加。此外，通过XPS获取的暴露在空气中的NiO/Cu$_x$O/n-Si样品的Ni 2p$_{3/2}$能谱同样显示出了与HAXPES能谱相似的转变过程（图5-10）。然而，二者之间仍存在细微差别：在Ni 2p$_{3/2}$ XPS能谱中，峰2拟合面积的相对占比更大。这是由于XPS的探测深度较浅，导致表层附近的Ni原子更易受到吸附氧的影响。这些变化揭示了吸附氧离子在NiO层中的梯度扩散过程，与之前提出的氧离子沿晶界扩散的机制相一致。

(a) 0天

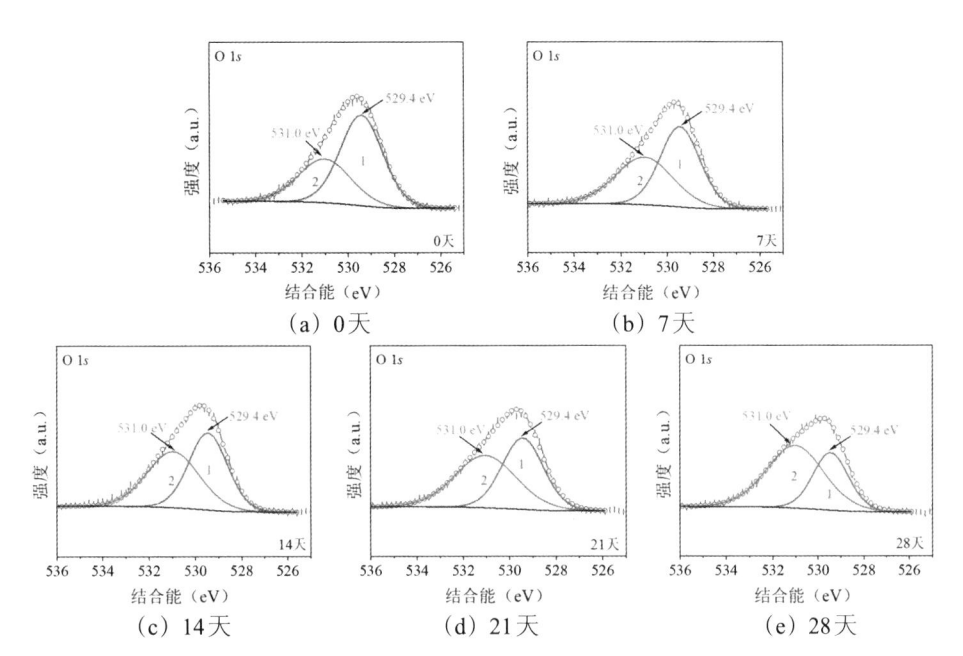

(b) 7天

(c) 14天

(d) 21天

(e) 28天

图5-9 NiO/Cu$_x$O/n-Si样品在空气中暴露不同时间后 O 1s核能级HAXPES能谱的拟合结果

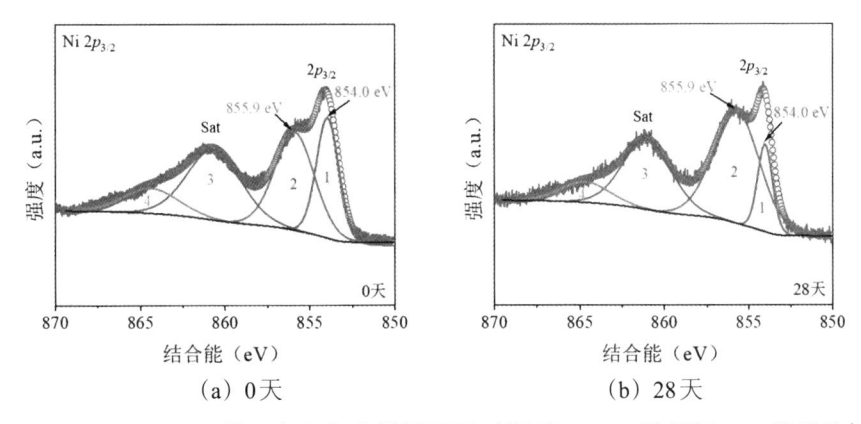

(a) 0天

(b) 28天

图5-10 NiO/Cu$_x$O/n-Si样品在空气中暴露不同时间后 Ni 2p$_{3/2}$核能级XPS能谱的拟合结果

利用UPS深入研究了Cu$_x$O中间层的原位转化对n-Si和NiO之间界面能量的影响。将Cu$_x$O薄膜沉积在Si基底上，过XPS分析确认该薄膜初始状态为Cu$_2$O，经过长期空气暴露后，该薄膜完全氧化为CuO（图5-11）。图5-12(a)、(b) 中展示了Cu$_2$O层和CuO层的相应UPS能谱。通过从He I的激发能（21.22 eV）中减去二次电子的截止电位，确定了半导体的功函数，进而得到 Cu_2O 和 CuO 的费米能级位置，分别为低于真空能级 4.71 eV 和 5.10 eV。UPS 光谱的低结合能边缘位置揭示，Cu_2O 和 CuO 的价带位置分别位于其费米能级以下 0.46 eV 和 0.68 eV。这些结果清晰地表明，$NiO/Cu_xO/n-Si$ 样品在空气中的暴露显著改变了 Cu_xO 中间层的能带位置。相对而言，NiO 薄膜在暴露于空气前后的能带位置保持稳定 [图 5-12（c）、（d）]，其费米能级位置低于真空能级 4.48 eV，价带位置则低于费米能级约 0.92 eV。

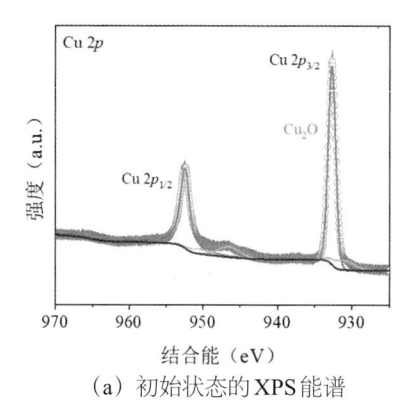

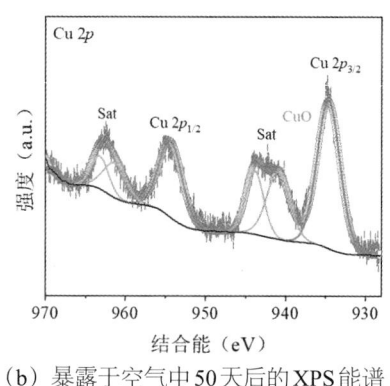

(a) 初始状态的 XPS 能谱　　(b) 暴露于空气中 50 天后的 XPS 能谱

图 5-11　沉积在硅基底上的 Cu_xO 薄膜的 XPS 能谱

通过将这些数据与文献中提供的 Cu_2O、CuO、NiO 半导体的带隙（分别为 2.1 eV[72]、1.5 eV[72]、3.6 eV[104]）和 n-Si 半导体的能带位置（电子亲和能为 4.05 eV、功函数为 4.27 eV、带隙为 1.12 eV）相结合，成功绘制了 $NiO/n-Si$、$NiO/Cu_2O/n-Si$ 和 $NiO/CuO/n-Si$ 异质结的能带图（图 5-13）。有关 $NiO/n-Si$ 异质结的相关内容已在 3.3.2 节中进行了详尽的描述。当在 NiO 和 n-Si 之间引入 Cu_2O 中间层时，由于 Cu_2O 比 NiO 具有更负的费米能级，这导致了 $Cu_2O/n-Si$ 界面内建电场的增强和能带弯曲的增大。而 Cu_2O 向 CuO 的原位转变进一步增加了费米能级差，从而进一步增强了 $CuO/n-Si$ 界面的能带弯曲。因此，Cu_xO 中间层的引入及其原位转化有望在异质结光阳极内部形成更高的内建电场和更大的能带弯曲，这对于优化光电性能具有重要意义。

(a) Cu_xO 薄膜初始状态的 UPS 能谱

(b) Cu_xO 薄膜暴露于空气中 50 天后的 UPS 能谱

(c) NiO 薄膜初始状态的 UPS 能谱

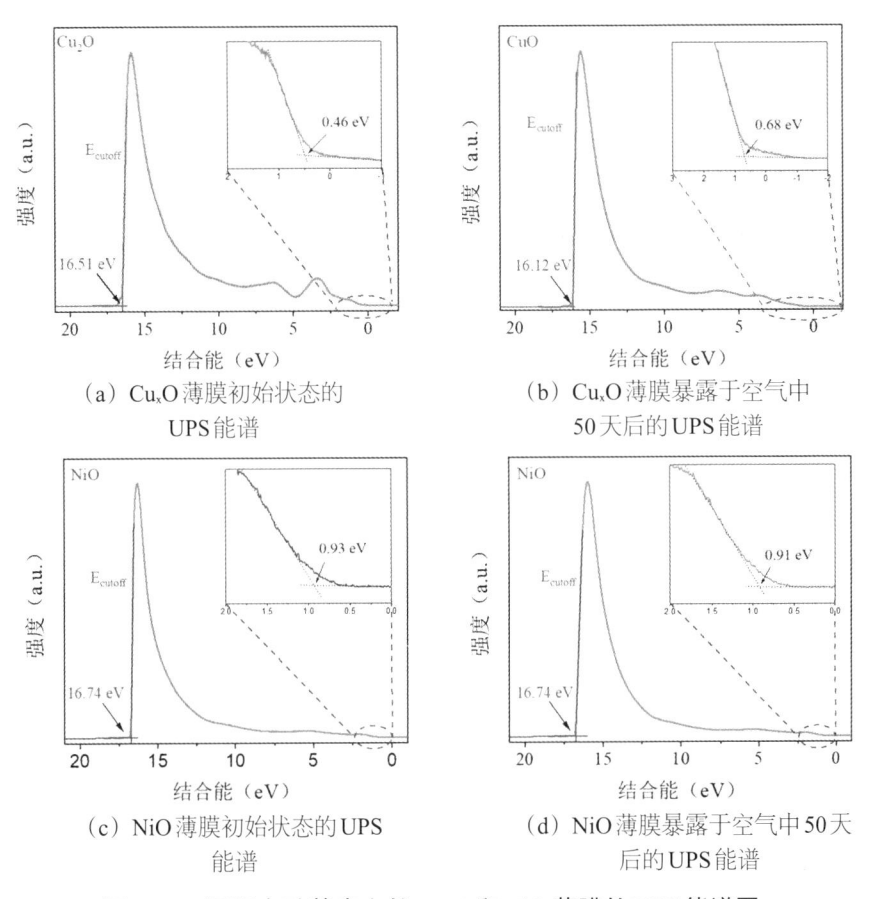

(d) NiO 薄膜暴露于空气中 50 天后的 UPS 能谱

图 5-12 沉积在硅基底上的 Cu_xO 和 NiO 薄膜的 UPS 能谱图

(a) NiO/n-Si

(b) NiO/Cu_2O/n-Si

(c) NiO/CuO/n-Si

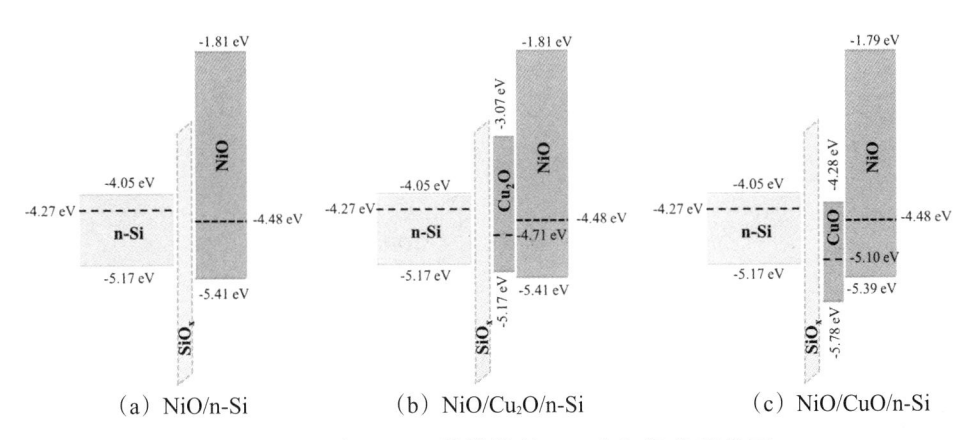

图 5-13 具有不同层状结构的 n-Si 光阳极的能带图

5.2.4 Cu$_x$O 中间层原位转变的电化学表征

在研究 Cu$_x$O 中间层对 NiO/n-Si 界面能带弯曲的影响时，制备了三种不同层结构的固体异质结样品：无 Cu$_x$O 中间层的 NiO/n-Si 样品、新制备的含有 Cu$_x$O 中间层的 NiO/Cu$_2$O/n-Si 样品，以及经过长期（约2个月）空气暴露后含有 Cu$_x$O 中间层的 NiO/CuO/n-Si 样品。为了探究这些异质结的平带电位（flat band potential，E_{fb}）变化，可利用黑暗条件下的 M-S 曲线进行分析[173, 174]。平带电位是反映异质结空间电荷区特性的关键参数，可以通过莫特-肖特基方程与外加电压（E）的函数关系计算得出。

$$\frac{1}{C_{sc}^2} = \frac{2}{q\varepsilon_r\varepsilon_0 A^2 N_D}(E - E_{fb} - \frac{k_B T}{q}) \tag{5-1}$$

其中，C_{sc} 为空间电荷电容；ε_r 是 Si 的相对介电常数（11.68）；ε_0 是真空介电常数（8.85×10^{-14} F·cm^{-1}）；A 是暴露的表面积；N_D 是施主掺杂浓度；k_B 是玻尔兹曼常数（1.38×10^{-23} J·K^{-1}）；T 是开尔文温度。在 300 K 时，$k_B T/q$ 的值为 26 mV。通过 M-S 曲线中线性区域的外推，可以确定 x 轴上的截距，从而得到平带电位 E_{fb}：

$$E_{fb} = \left| E_{\frac{1}{C_{sc}^2} \to 0} \right| + \frac{k_B T}{q} \tag{5-2}$$

施主掺杂浓度 N_D 可以通过 M-S 曲线中线性区域的斜率计算得出：

$$N_D = \frac{2}{q\varepsilon_r\varepsilon_0 A^2 \times slope} \tag{5-3}$$

导带与费米能级之间的能量差 V_n，则通过以下公式计算：

$$V_n = k_B T \ln(\frac{N_C}{N_D}) \tag{5-4}$$

其中，N_C 代表 Si 导带的本征态密度，约为 1.25×10^{16} cm^{-3}。最终，结合 V_{fb} 和

V_n，可以计算出能带弯曲的势垒高度 Φ_B：

$$\Phi_B = V_{fb} + V_n \tag{5-5}$$

图 5-14 中绘制了不同 n-Si 异质结的 M-S 曲线，从中可以观察到显著的平带电位 V_{fb} 变化。具体而言，NiO/n-Si 异质结的平带电位为 0.41 V，在引入 Cu_2O 中间层后，该值增加到 0.46 V，而当中间层转变为 CuO 后，平带电位进一步增加至 0.52 V。利用 M-S 曲线中拟合直线的斜率，计算了 n-Si 的施主掺杂浓度 N_D，并进一步确定了异质结能带弯曲的势垒高度。计算结果显示，n-Si 的施主掺杂浓度约为 4.3×10^{15} cm^{-3}，这与 n-Si 晶圆片的电阻率（约 1 Ω·cm）相吻合。值得注意的是，NiO/CuO/n-Si 异质结的势垒高度达到了 0.74 eV，这一值高于 NiO/Cu_2O/n-Si 异质结（0.68 eV）和 NiO/n-Si 异质结（0.63 eV），具体数值汇总于表 5-2 中。

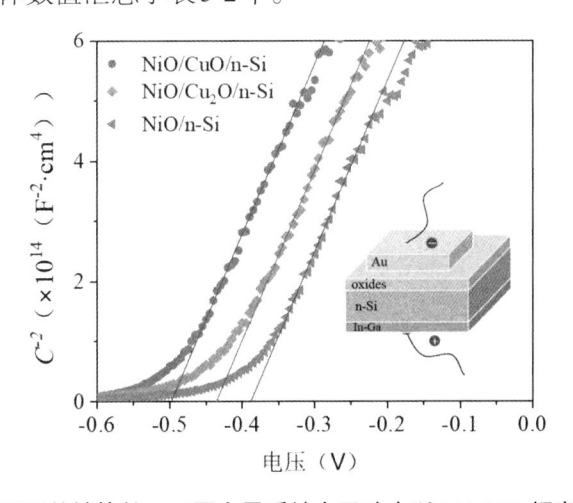

图 5-14 具有不同层状结构的 n-Si 固态异质结在黑暗中以 100 kHz 频率测量的 M-S 曲线

表 5-2 通过不同层状结构的 n-Si 固态异质结的 M-S 曲线获得的各项参数

光电极	E_{fb}/V	斜率×10^{14} /F^{-2} cm^4 V^{-1}	$N_D \times 10^{15}$ /cm^{-3}	V_n/eV	Φ_B/eV
NiO/n-Si	0.41	28.1	4.30	0.22	0.63
NiO/Cu_2O/n-Si	0.46	27.1	4.45	0.22	0.68
NiO/CuO/n-Si	0.52	28.3	4.27	0.22	0.74

能带弯曲的势垒高度Φ_B的大小决定了异质结可产生的理论最大光电压[40, 173]。n-Si光阳极的实际光电压V_{ph}是通过与非光活性p^{++}-Si电极的起始电位比较得出的[图5-15（a）]。实验结果显示，NiCoFe-B$_i$/NiO/p^{++}-Si电极与NiCoFe-B$_i$/NiO/n-Si光阳极的起始电位相差540 mV，这表明NiCoFe-B$_i$/NiO/n-Si光阳极产生的光电压约为540 mV。同样，NiCoFe-B$_i$/NiO/Cu$_2$O/n-Si和NiCoFe-B$_i$/NiO/CuO/n-Si光阳极的光电压分别约为568 mV和624 mV。此外，n-Si光阳极在黑暗和光照条件下的开路电压V_{OCP}衰减曲线也显示出类似的光电压V_{ph}变化[图5-15（b）]。不含Cu$_x$O中间层的光阳极光电压为530 mV，而引入Cu$_2$O和CuO中间层后，光电压分别提升至560 mV和620 mV。值得注意的是，NiCoFe-B$_i$/NiO/CuO/n-Si光阳极所展现的光电压性能已与最先进的p^+n-Si所构建的光阳极产生的光电压相当[97, 100, 175]。

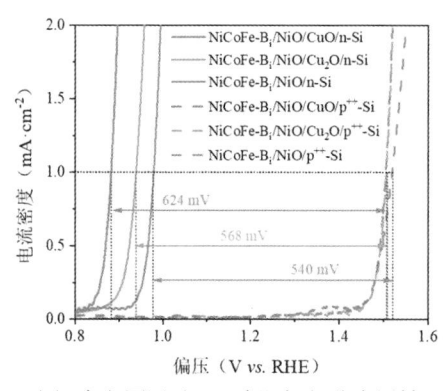

（a）光电压通过n-Si光阳极与非光活性p^{++}-Si电极的起始电位差值得到

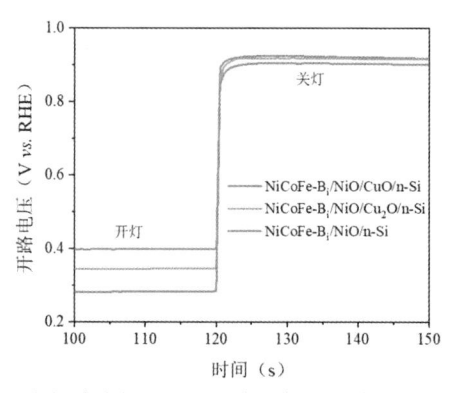

（b）光电压通过n-Si光阳极在黑暗和光照条件下开路电压V_{OCP}的变化量获得

图5-15　具有不同层状结构的n-Si光阳极的光电压

具有不同层状结构的n-Si光阳极的开路电压衰减曲线不仅有助于揭示异质结的内建电场特性，还能够提供光生载流子的寿命信息[95, 176, 177]。为了比较光阳极与电解质界面上的载流子复合效率，通过以下公式计算载流子寿命τ_n：

$$\tau_n = -\frac{k_B T}{q}\left(\frac{dV_{OCP}}{dt}\right)^{-1} \tag{5-6}$$

图 5-16（a）展示了具有不同层状结构的 n-Si 光阳极的载流子寿命 τ_n 对比情况。在关灯后，NiCoFe-B$_i$/NiO/n-Si、NiCoFe-B$_i$/NiO/Cu$_2$O/n-Si 以及 NiCoFe-B$_i$/NiO/CuO/n-Si 光阳极的载流子寿命分别为 49 ms、46 ms 和 42 ms。值得注意的是，与其他光阳极相比，NiCoFe-B$_i$/NiO/CuO/n-Si 光阳极在关灯后的载流子寿命最短，这一现象表明 CuO 中间层的引入有效减少了 n-Si 与溶液界面上的电荷捕获，从而实现了更快的载流子提取。此外，为了更全面地了解不同层状结构对电荷转移动力学的影响，还采用了 PEIS 进行比较分析[178, 179]。如图 5-16（b）中的奈奎斯特图（Nyquist Diagram）所示，NiCoFe-B$_i$/NiO/CuO/n-Si 光阳极的双半圆曲线半径显著小于其他光阳极，这直观地反映了电荷转移到表面反应位点的阻碍减少。奈奎斯特图基于典型的双 RC 单元等效电路进行拟合，其中特别增加了一个异质结 RC 单元 [图 5-16（b）中插图]。详细的拟合参数见表 5-3 所列。通过引入 Cu$_x$O 中间层至 NiCoFe-B$_i$/NiO/n-Si 光阳极，可以观察到捕获电阻（R_{trap}）和电荷转移电阻（R_{ct}）均得到显著降低。特别是在包含 CuO 中间层的光阳极中，其捕获电阻和电荷转移电阻相较于不含 Cu$_x$O 中间层的光阳极降低了约一个数量级。这些结果有力证明了电荷重组的减少以及界面电荷传输速率的提升。

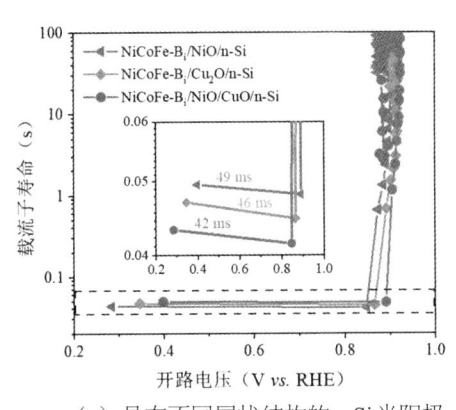

（a）具有不同层状结构的 n-Si 光阳极在开关灯的瞬态下的载流子寿命

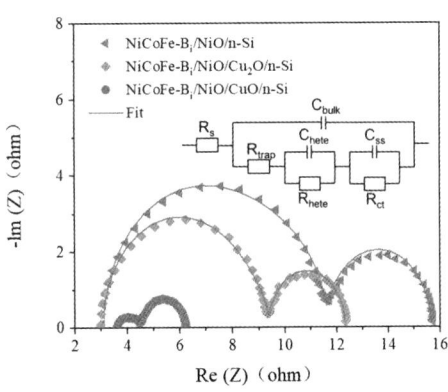

（b）具有不同层状结构的 n-Si 光阳极在一个标准太阳光下于 1.0 V vs. RHE 的电压进行 PEIS 测试的结果，插图通过三 RC 单元等效电路模型对 PEIS 数据进行拟合

图 5-16　具有不同层状结构的 n-Si 光阳极的电荷迁移率

表5-3　不同层状结构n-Si光阳极PEIS奎斯特图的拟合参数

光电极	R_s/Ω	$C_{bulk}/\mu F$	R_{trap}/Ω	$C_{hete}/\mu F$	R_{hete}/Ω	$C_{ss}/\mu F$	R_{ct}/Ω
NiCoFe-B$_i$/NiO/n-Si	3.10	2.05	7.34	2496	4.03	40.37	1.19
NiCoFe-B$_i$/NiO/Cu$_2$O/n-Si	3.07	1.98	5.82	4472	2.96	138.20	0.46
NiCoFe-B$_i$/NiO/CuO/n-Si	3.68	7.79	0.62	3091	1.64	174.70	0.25

注：等效电路模型中的R_s、C_{bulk}、R_{trap}、R_{hete}、C_{hete}、C_{ss}和R_{ct}分别代表串联电阻、空间电荷区的体电容、表面态光生空穴的捕获电阻、异质结电阻、异质结电容、表面态电容和电荷转移电阻。

作者对具有不同层状结构的n-Si光阳极的体电荷分离效率（bulk charge separation efficiency，η_{sep}）和表面注入效率（surface charge injection efficiency，η_{inj}）进行了进一步表征[173,180]。为了研究光阳极的光电化学特性，引入了空穴清除剂H_2O_2。在KOH电解液中加入H_2O_2后，认为H_2O_2的氧化过程不存在空穴的注入障碍。由此，H_2O_2氧化产生的光电流密度（$J_{H_2O_2}$）可用于计算η_{sep}和η_{inj}。具体的计算公式如下：

$$J_{H_2O} = J_{abs} * \eta_{sep} * \eta_{inj} \tag{5-7}$$

$$\eta_{sep} = \frac{J_{H_2O_2}}{J_{abs}} \tag{5-8}$$

$$\eta_{inj} = \frac{J_{H_2O}}{J_{H_2O_2}} \tag{5-9}$$

其中，J_{abs}是样品中所有吸收的光子都转化为电流而产生的最大光电流密度，J_{H_2O}是在水溶液中测得的PEC水氧化的光电流密度。光阳极的$J_{H_2O_2}$是在用于PEC测试的相同电解液中测量的，并添加了0.5 mol/L H_2O_2作为空穴清除剂［图5-17（a）］。每种光阳极的光子吸收最大光电流密度J_{abs}都是根据到达n-Si吸收层的光子数计算得出的。根据图5-17（b）中的透射光谱数据，NiCoFe-B$_i$/NiO/n-Si、NiCoFe-B$_i$/NiO/Cu$_2$O/n-Si和NiCoFe-B$_i$/NiO/CuO/n-Si光阳极的最大光电流J_{abs}分别为36.13 mA·cm^{-2}、36.36 mA·cm^{-2}和36.19 mA·cm^{-2}。在图5-17（c）中与电位相关的电荷分离效率曲线显示，NiCoFe-B$_i$/

NiO/CuO/n-Si 光阳极在较低电位时（0.3~1.0 V vs. RHE）就能够有效地分离光生载流子。图 5-17（d）中与电位相关的表面注入效率曲线进一步表明，在较低电位下（0.85~1.3 V vs. RHE），空穴能够更高效地从 NiCoFe-B$_i$/NiO/CuO/n-Si 光阳极注入电解液中。

（a）在含有 0.25 mol/L KB$_i$ 和 50 μmol/L FeSO$_4$ 的 KOH 电解液（pH 为 14）中加入 0.5 mol/L H$_2$O$_2$ 所测量的具有不同层状结构的 n-Si 光阳极的 J-V 曲线

（b）在 FTO 表面沉积不同层状结构的表面层被用于测量其各自表面层的光透过率

（c）具有不同层状结构的 n-Si 光阳极的电荷分离效率

（d）具有不同层状结构的 n-Si 光阳极的电荷注入效率

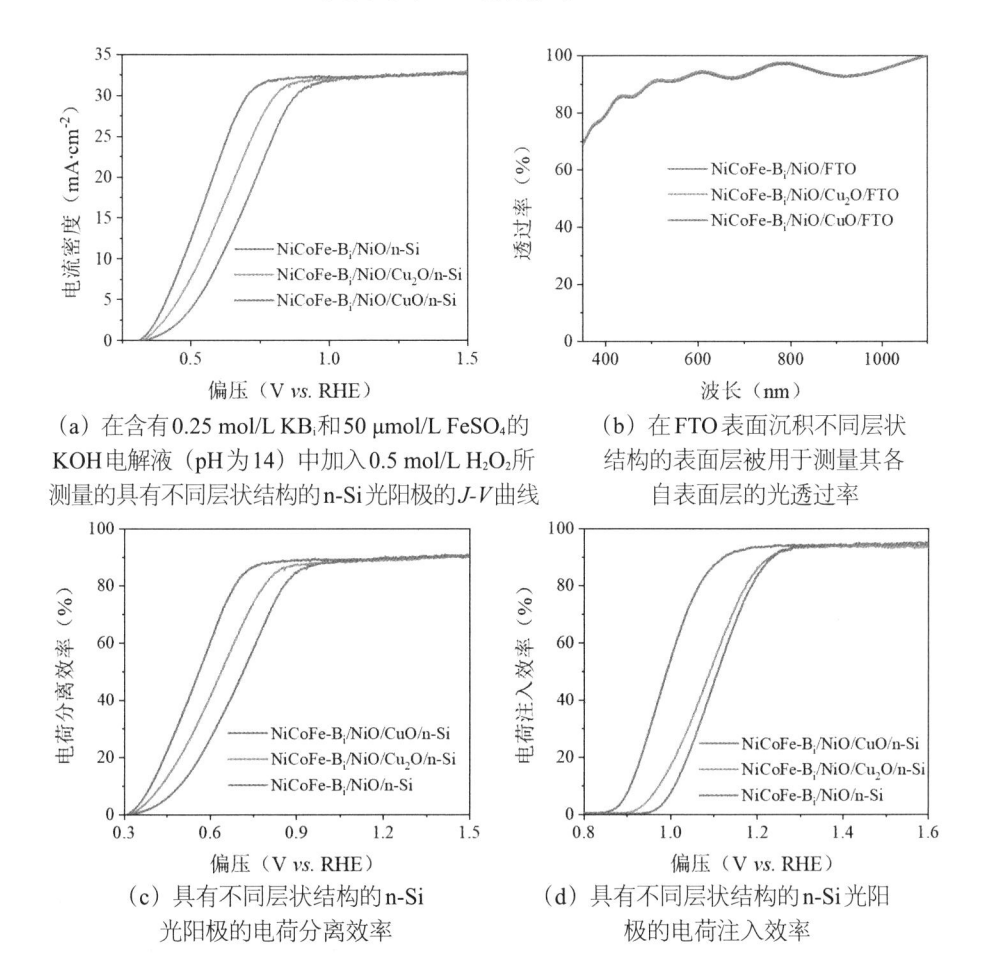

图 5-17 具有不同层状结构的 n-Si 光阳极的电荷分离效率和电荷注入效率

综上所述，作者提出了 Cu$_x$O 中间层增强 NiO/n-Si 异质结光阳极 PEC 活性的机理：在暗态条件下，n-Si 和 p 型金属氧化物界面上形成的埋置结产生内建电场和能带弯曲，其势垒高度为 Φ_B。在光照下，n-Si 的费米能级 E_F 发生分裂，产生电子的准费米级（$E_{F,n}$）和空穴的准费米级（$E_{F,p}$），它们之间的电位差即为光电压。暗态下异质结产生的势垒高度越高，光照下所能获得的光电压也相应越高。因此，较低的外部偏压即可驱动注入的空穴参与水氧化反应[34, 40]。

如图5-18所示，Cu_xO中间层的引入和原位转化使NiO/n-Si异质结获得了更高的能带弯曲的势垒，这为光生载流子的分离和传输提供了更大的驱动力。因此，在光照下会产生更高的光电压，从而大大提高了PEC水氧化的效率。通过对比有和无Cu_xO中间层的n-Si光阳极的PEC性能，进一步证实了CuO中间层在提升光电化学性能中的关键作用（图5-19）。具体来说，当偏压低于1.60 V vs. RHE时，裸露的n-Si光阳极没有显示出PEC活性。虽然NiO与n-Si形成的PN型异质结为光生载流子的分离提供了动力［图5-18（a）］，但光阳极的起始电位仍然偏高，这主要是由于空穴注入过程中存在较大的阻力，导致OER势垒高达860 mV［图5-18（d）］。然而，引入Cu_2O中间层后，异质结的能带弯曲程度得到增强［图5-18（b）］，光照下产生的光电压也随之提升，进而将OER势垒降低至830 mV［图5-18（e）］。更为显著的是，随着Cu_2O向CuO的转变，能带弯曲程度进一步增加［图5-18（c）］，最终使OER势垒降低至780 mV［图5-18（f）］。这一变化直接导致起始电位的阴极移动，从$NiCoFe-B_i$/NiO/n-Si光阳极的0.98 V vs. RHE降低到$NiCoFe-B_i$/NiO/CuO/n-Si光阳极的0.88 V vs. RHE［图5-19（a）］。因此，$NiCoFe-B_i$/NiO/CuO/n-Si光阳极展现出了优异的HC-STH效率，达到4.51%，是$NiCoFe-B_i$/NiO/n-Si光阳极的2.3倍［图5-19（b）］。同样，在未进行助催化剂修饰的情况下，n-Si光阳极也展现出了类似的PEC性能变化趋势，其中NiO/CuO/n-Si光阳极的HC-STH效率达到3.76%，是NiO/n-Si光阳极（1.54%）的2.4倍［图5-19（c，d）］。

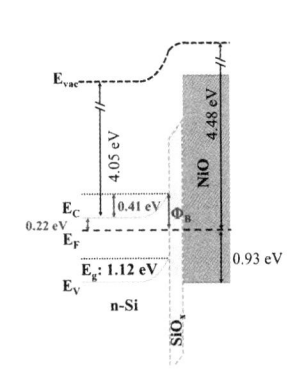

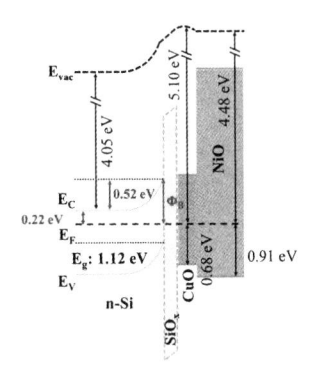

(a) NiO/n-Si 光阳极在黑暗条件下的能带图

(b) NiO/Cu$_2$O/n-Si 光阳极在黑暗条件下的能带图

(c) NiO/CuO/n-Si 光阳极在黑暗条件下的能带图

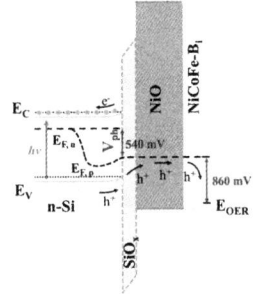

(d) NiCoFe-B$_i$/NiO/n-Si 在连续光照条件下与电解质接触的准静态能带图

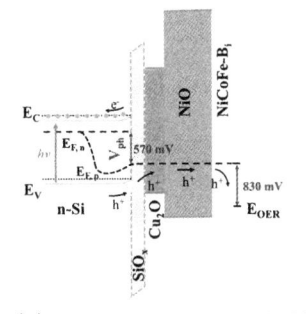

(e) NiCoFe-B$_i$/NiO/Cu$_2$O/n-Si 在连续光照条件下与电解质接触的准静态能带图

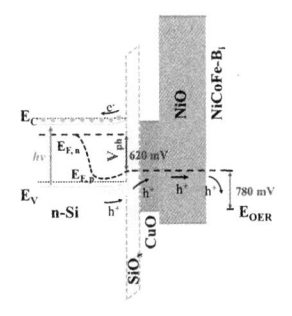

(f) NiCoFe-B$_i$/NiO/CuO/n-Si 在连续光照条件下与电解质接触的准静态能带图

图 5-18　具有不同层状结构的 n-Si 光阳极在黑暗和光照条件下的能带图

(a) 与NiCoFe-B$_i$助催化剂耦合的n-Si光阳极的J-V曲线

(b) 对应(a)中J-V曲线的HC-STH效率

(c) 无NiCoFe-B$_i$助催化剂耦合的n-Si光阳极的J-V曲线

(d) 对应(c)中J-V曲线的HC-STH效率

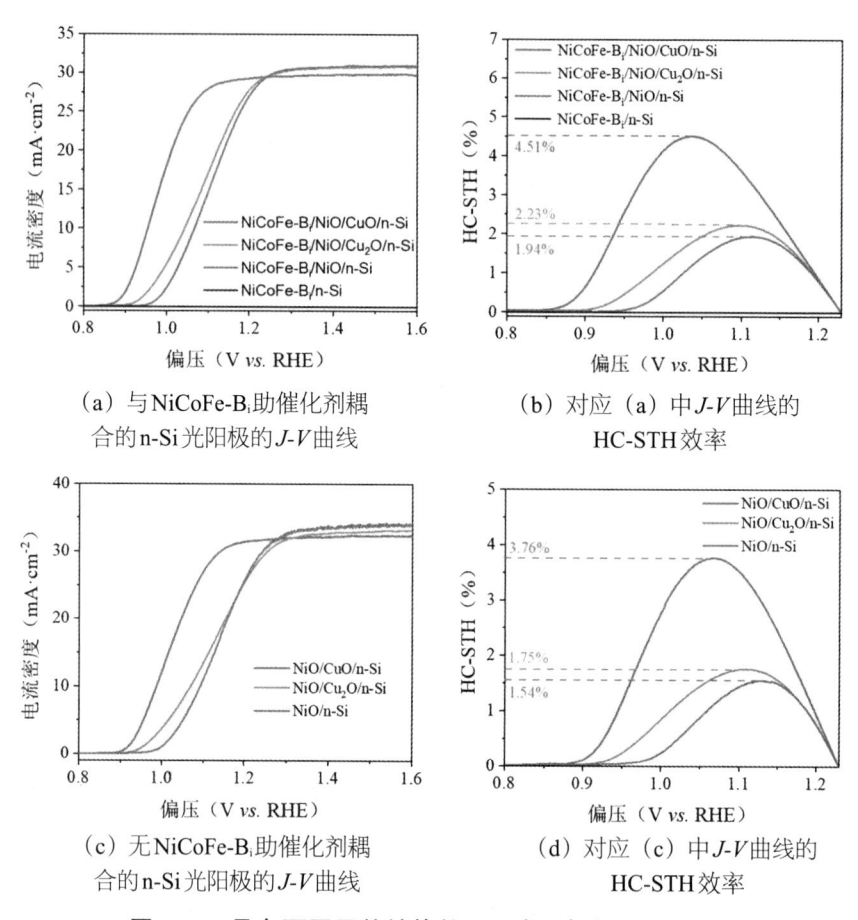

图5-19 具有不同层状结构的n-Si光阳极的PEC活性

5.2.5 CuO中间层的反应电子束蒸发沉积

上述实验结果充分证明了CuO中间层在提升NiO/n-Si异质结光阳极PEC水氧化活性中的关键作用。然而，值得注意的是，过长的原位转化过程在实际器件制造中并不具备优势。

为了克服这一挑战，作者成功开发了一种高效的反应电子束蒸发沉积

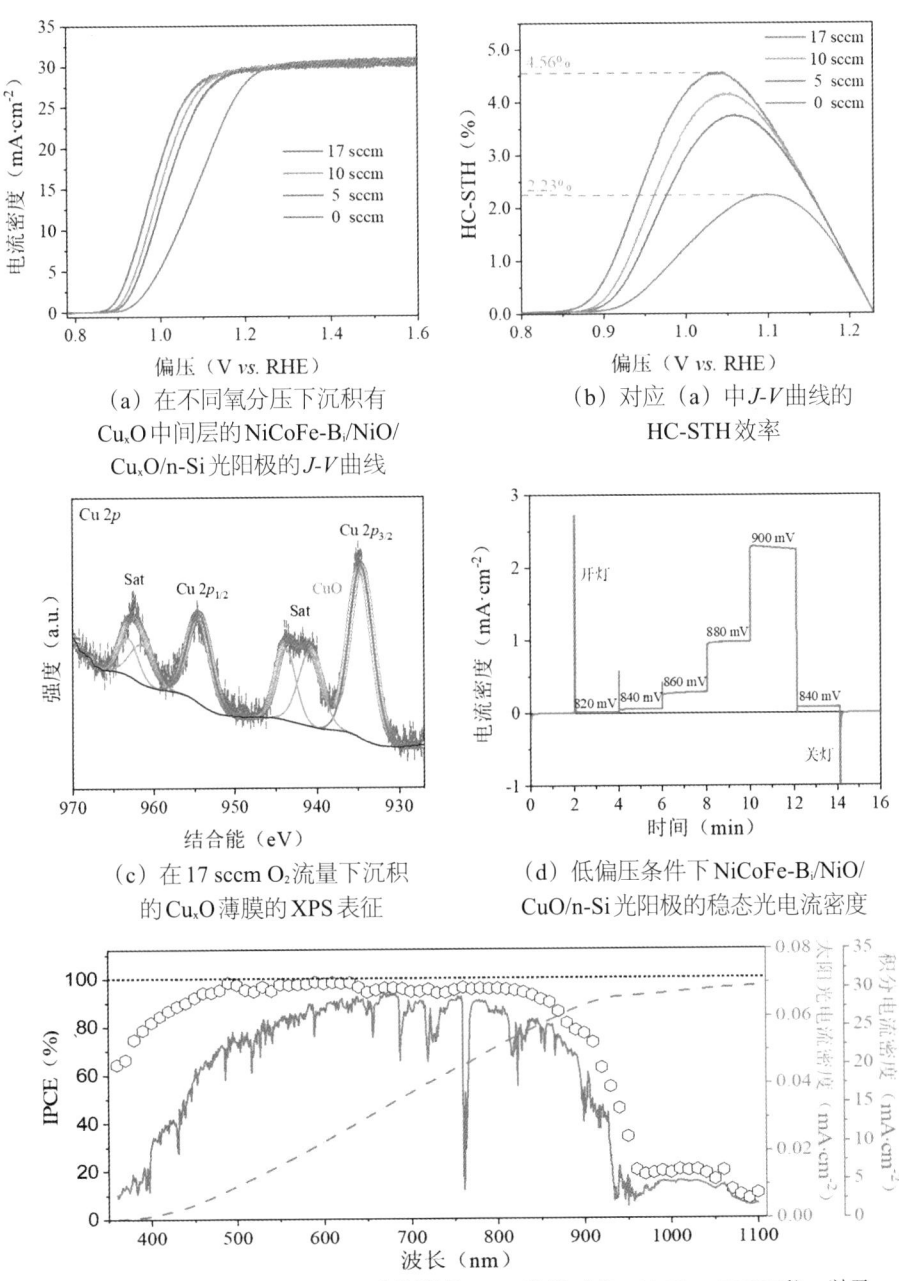

(a) 在不同氧分压下沉积有 Cu$_x$O 中间层的 NiCoFe-B$_i$/NiO/Cu$_x$O/n-Si 光阳极的 J-V 曲线

(b) 对应（a）中 J-V 曲线的 HC-STH 效率

(c) 在 17 sccm O$_2$ 流量下沉积的 Cu$_x$O 薄膜的 XPS 表征

(d) 低偏压条件下 NiCoFe-B$_i$/NiO/CuO/n-Si 光阳极的稳态光电流密度

(e) NiCoFe-B$_i$/NiO/CuO/n-Si 光阳极的 IPCE 光谱（在 1.20 V vs. RHE 下），以及使用标准 AM 1.5 G 太阳光谱（ASTM G173-03）计算得出的相应太阳光电流密度和积分光电流密度

图 5-20　NiCoFe-B$_i$/NiO/CuO/n-Si 光阳极的 PEC 活性

工艺，通过在沉积室中引入 O_2 气体，实现了 CuO 中间层的直接沉积。图 5-20（a）展示了在不同 O_2 流量下，通过反应沉积 Cu_xO 中间层制备的 NiCoFe-B$_i$/NiO/Cu$_x$O/n-Si 光阳极的 PEC 性能。随着 O_2 流量的增加，光阳极的 HC-STH 效率逐渐提升，并在 17 sccm 时达到最大值 4.56%［图 5-20（b）］，这一结果与经过长期空气暴露后的性能相当［图 5-19（b）］。进一步地，对在 17 sccm O_2 流量下沉积的 Cu_xO 薄膜进行 XPS 表征，结果显示其主要由 CuO 单相组成［图 5-20（c）］。这些发现不仅验证了反应沉积在 Cu_2O 到 CuO 转化中的有效性，还进一步强化了 CuO 中间层在提升 NiO/n-Si 异质结光阳极效率中的核心作用。

对于优化后的 NiCoFe-B$_i$/NiO/CuO/n-Si 光阳极，稳态光电流密度的测量结果显示，当偏压为 0.88 V vs. RHE 时，光电流密度可达到 1.0 mA·cm^{-2}；而在电位降低至 0.84 V vs. RHE 时，仍能产生约 60 μA·cm^{-2} 的稳定光电流密度［图 5-20（d）］。此外，饱和光电流密度约为 30 mA·cm^{-2}，与入射光子-电子转换效率（IPCE）数据计算得出的积分光电流密度（30.2 mA·cm^{-2}）相吻合［图 5-20（e）］。对带有 CuO 中间层的 n-Si 光阳极（共十个样品）进行 HC-STH 效率统计，结果显示 PEC 性能具有良好的重现性，平均 HC-STH 效率为 4.45 ± 0.08%。相比之下，带有 Cu_2O 中间层的样品平均 HC-STH 效率为 2.27 ± 0.08%，而不带中间层的样品则为 1.85 ± 0.07%（图 5-21）。根据已知数据，优化后的 NiCoFe-B$_i$/NiO/CuO/n-Si 光阳极的 HC-STH 效率已达到目前报道的 n-Si 光阳极中的最高值（图 5-22，表 5-4）。

第五章　硅光阳极中Cu$_x$O界面层的研究

(a) 具有不同层状结构n-Si光阳极的HC-STH效率的统计值

(b) 10个NiCoFe-B$_i$/NiO/n-Si光阳极样品的J-V曲线

(c) 10个NiCoFe-B$_i$/NiO/Cu$_2$O/n-Si光阳极样品的J-V曲线

(d) 10个NiCoFe-B$_i$/NiO/CuO/n-Si光阳极样品的J-V曲线

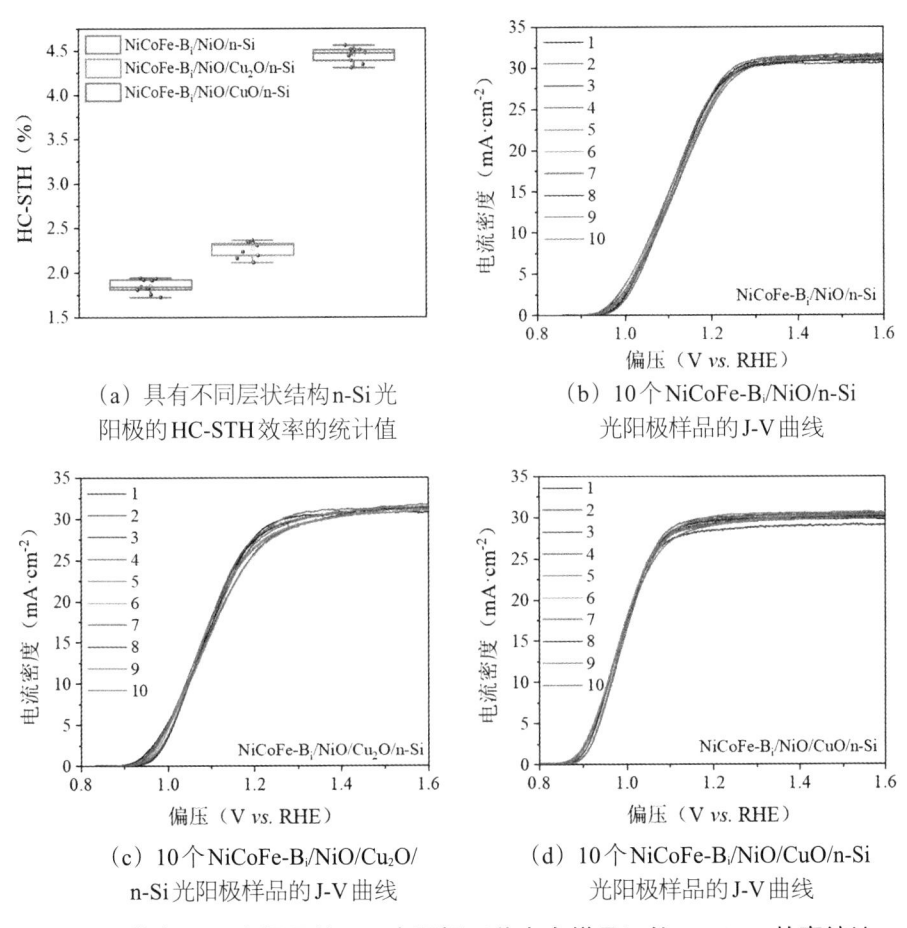

图5-21　带有CuO中间层的n-Si光阳极（共十个样品）的HC-STH效率统计

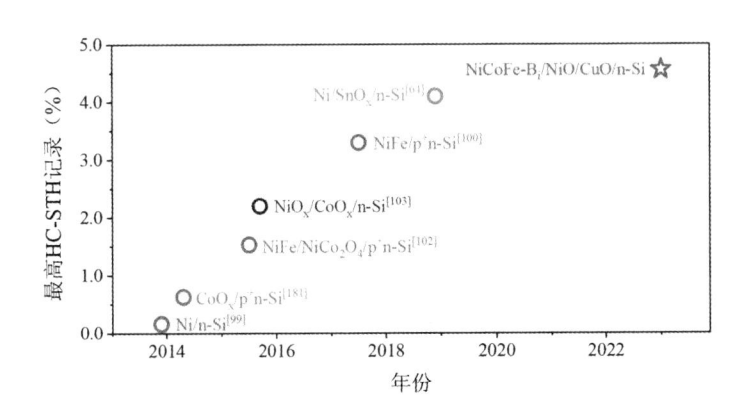

图5-22　n-Si光阳极的最高HC-STH效率记录的统计[64, 99, 100, 102, 103, 181]

表 5-4　不同 n-Si 光阳极 PEC 水氧化性能的统计

光阳极	光电流的起始电位/V vs. RHE	光电压/mV	1.23 V vs. RHE 偏压下的光电流密度/mA·cm^{-2}	HC-STH/%	报道年份
NiCoFe-B$_i$/NiO/CuO/n-Si	0.88	624	29.6	4.56	2024
Ni/n-Si	≈1.10	≈500	11.8	0.16（2 Sun）	2013[99]
NiOOH/TiO$_x$/p$^+$n-Si	1.10	≈520	12.0	0.26（1.25 Sun）	2014[182]
CoO$_x$/p$^+$n-Si	1.05	610	17.0	0.63	2014[181]
CoOOH/Co/n-Si	1.08	470	16.2	0.55	2015[183]
NiO$_x$/HTJ-Si	0.95	600	20.7	1.45	2015[184]
NiFe/NiCo$_2$O$_4$/p$^+$n-Si	1.00	—	25.2	1.53	2015[102]
NiO$_x$/CoO$_x$/n-Si	0.99	565	27.7	2.2	2015[103]
NiO$_x$/p$^+$n-Si	1.05	≈510	29	2.1	2015[104]
Ir/TiO$_2$/p$^+$n-Si	≈0.95	630	—	—	2016[97]
NiOOH/ITO/TiO$_x$/n-Si	0.98	≈600	18.0	0.97	2016[173]
CoO$_x$/n-Si	0.98	575	23.2	1.42（1.1 Sun）	2016[105]
CoO$_x$/p$^+$n-Si	1.01	600	31.6	1.50	2017[175]
Ni/Pt/Al$_2$O$_3$/n-Si	1.03	490	19.4	0.93	2017[95]
NiFe/p$^+$n-Si	0.89	620	30.7	3.3	2017[100]
Ni NPs/n-Si	1.16	≈500	3.9	0.08	2017[185]
NiFe IO/p$^+$n-Si	0.94	570	31.2	2.7	2017[186]
Ni$_{80}$Fe$_{20}$/TiO$_2$/n-Si	1.06	500	21.5	0.65	2017[187]
Ni NPs/n-Si	1.04	—	22.0	0.97	2018[188]
Ni/SnO$_x$/n-Si	0.91	605	30.8	4.1	2018[64]

续表

光阳极	光电流的起始电位 /V vs. RHE	光电压/ mV	1.23 V vs. RHE 偏压下的光电流密度 /mA·cm^{-2}	HC-STH/ %	报道年份
NiFe/ZrO$_2$/n-Si	1.04	560	26.6	1.08	2018[92]
NiO$_x$/Ni/n-Si	1.08	≈500	14.7	0.46	2018[189]
CoO$_x$/n-Si	1.20	≈480	3.5	0.04	2018[190]
Ni(OH)$_2$/Ni/n-Si	1.15	280	3.3	0.10	2019[191]
NiFe/n-Si	1.09	461	25.2	1.08	2019[147]
NiOOH/NiO/Ni/Al$_2$O$_3$/n-Si	0.87	640	26	2.84	2019[148]
NiCuO$_x$/CoO$_x$/n-Si	1.04	≈550	16.6	1.42	2019[192]
a-Si/n$^+$-a-Si/n-Si/a-Si/TiO$_2$/Ni	0.86	700	34	3.91	2020[101]
μNi/p$^+$n-Si	0.99	580	23.3	1.42	2020[115]
Ir/HfO$_2$/n-Si	1.06	510	14.4	0.58	2020[94]
IrO$_x$/NiO$_x$/n-Si	0.92	≈540	32.7	2.50	2020[174]
CoO$_x$ NWs/n-Si	1.06	500	23.3	0.66	2020[193]
Ni NPs/Ni(OH)$_2$/n-Si	1.02	500	29.6	1.76	2020[194]
NiFe/n-Si	0.96	—	29.5	3.12	2020[146]
Spiked-Ni/p$^+$n-Si	0.81	—	17.0	1.31	2021[195]
NiFeO$_x$/Ni/Au/AlO$_x$/n-Si	0.90	600	≈34	3.71	2022[196]
Ir SAs/NiO/Ni/ZrO$_2$/n-Si	0.97	550	27.7	1.72	2023[197]
Ni/TiO$_2$/n-Si	1.08	—	14.4	0.45	2023[149]

注：Si 半导体表面都存在 SiO$_x$ 层；除另有说明，HC-STH 效率均在一个标准太阳光下测量。

在一个标准太阳光的照射下，对优化后的 NiCoFe-B$_i$/NiO/CuO/n-Si 光阳极在 1.20 V vs. RHE 下进行了稳定性测试［图 5-23（a）］。光阳极的光电流密度达到 29.8 mA·cm^{-2}，在 100 h 的稳定性测试中没有观察到明显的衰减。为了进一步验证其稳定性，对 PEC 稳定性测试过程中的光电流与产氧量之间进行定量比较，结果证实OER的法拉第效率几乎保持恒定［图5-23（b）］。对比稳定性测试前后的光阳极J-V曲线［图5-23（c）］，可以发现光阳极的光电流起始电位并未发生变化。虽然稳定性测试后的饱和光电流密度略有下降，但经过分析，这主要是由于含Fe的KOH电解质在长时间测试过程中发生了老化（即Fe^{II}离子氧化沉淀），轻微地阻挡了可见光谱中的太阳光所致。尽管如此，光阳极的HC-STH效率在100 h的稳定性测试后几乎保持不变，初始值为4.34%，最终值为4.31%［图5-23（d）］。这一结果与本书第四章中NiCoFe-B$_i$助催化剂耦合NiO/n-Si光阳极的研究结果相一致，表明具有自修复特性的NiCoFe-B$_i$助催化剂对实现不同PEC活性的光阳极稳定性具有广泛适用性。与之前报道的文献相比，NiCoFe-B$_i$/NiO/CuO/n-Si光阳极在保持长时间的高PEC活性方面展现了更优越的性能［图5-23（e）、表4-1］。

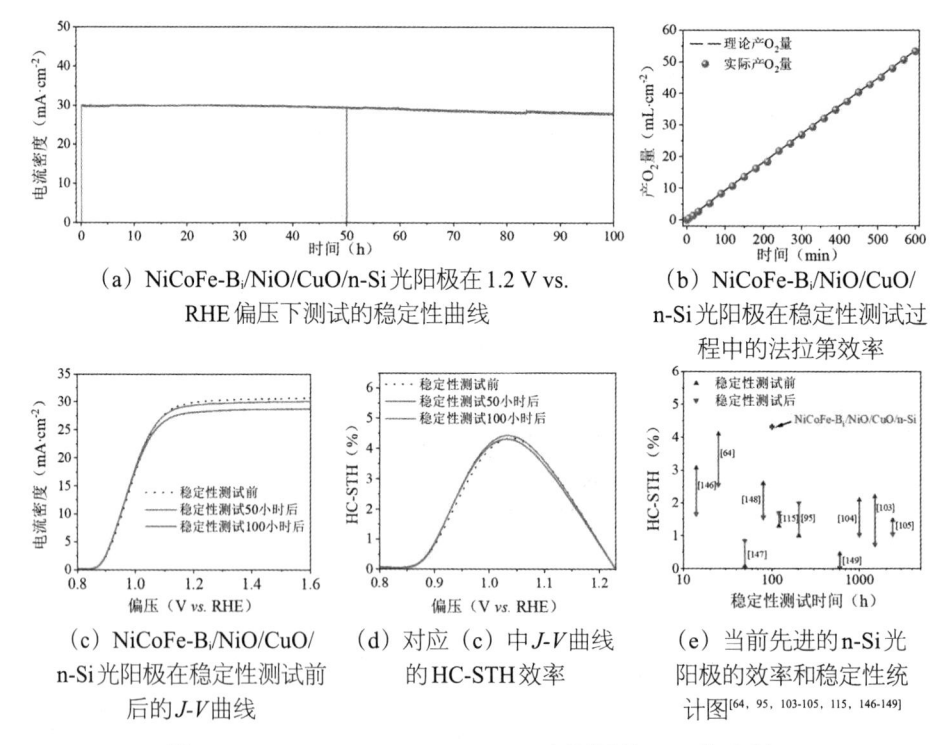

（a）NiCoFe-B$_i$/NiO/CuO/n-Si光阳极在1.2 V vs. RHE偏压下测试的稳定性曲线

（b）NiCoFe-B$_i$/NiO/CuO/n-Si光阳极在稳定性测试过程中的法拉第效率

（c）NiCoFe-B$_i$/NiO/CuO/n-Si光阳极在稳定性测试前后的J-V曲线

（d）对应（c）中J-V曲线的HC-STH效率

（e）当前先进的n-Si光阳极的效率和稳定性统计图[64, 95, 103-105, 115, 146-149]

图5-23　NiCoFe-B$_i$/NiO/CuO/n-Si光阳极的PEC稳定性

5.3 本章小结

本章利用先进的 HAXPES 技术，对 NiO/n-Si 异质结中 Cu_xO 中间层从 Cu_2O 到 CuO 的原位转变过程进行了深入剖析。这一转变过程不仅揭示了异质结光电极在长期空气暴露后 PEC 活性显著增强的根本原因，而且为理解其内在机制提供了重要线索。Cu_xO 中间层的引入和原位转化，在 NiO/n-Si 异质结中产生了更高的能带弯曲势垒，进而在光照条件下显著提升了光电压。基于此，进一步开发了一种反应电子束蒸发沉积技术，用于直接沉积 CuO 中间层。利用这一技术，直接制备了 NiCoFe-B$_i$/NiO/CuO/n-Si 光阳极，其 HC-STH 效率达到了创纪录的 4.56%，并且保持了长达 100 h 的效率稳定。这一研究不仅证明了 NiO/n-Si 异质结光阳极界面修饰策略的有效性，而且凸显了 HAXPES 技术在探测掩埋界面的界面特性以及指导设计更高效 PEC 器件方面的独特优势。

第六章

总结、创新点与展望

6.1 研究总结

本书聚焦于对 n-Si 光阳极表面空穴提取层、表面助催化剂层以及界面中间层的调控，并深入研究了这些表界面层的引入对 PEC 水分解性能的影响。

首先，通过电子束蒸发技术在 n-Si 光吸收层上成功制备了均匀、致密且晶格排列规则的 NiO 薄膜。随着 p 型 NiO 层的引入，在 n-Si 光阳极表面形成了一个掩埋的 PN 型异质结，导致能带向上弯曲，从而有效地促进了 n-Si 光吸收层中光生空穴的提取。此外，这些提取的空穴通过晶格有序排列的 NiO 层进行高效传输，显著提高了空穴注入光电极表面并参与水氧化反应的效率。因此，与反应溅射制备的 NiO/n-Si 光阳极（在 1.23 V vs. RHE 偏压下无光电流响应）相比，电子束蒸发技术构建的 NiO/n-Si 光阳极展现出了更好的 PEC 活性（在 1.23 V vs. RHE 偏压下光电流密度为 29.0 mA·cm^{-2}），并实现了长达 60 h 的饱和光电流密度稳定，尽管光电流起始电位发生了不可避免的正向偏移。

其次，为了解决 NiO/n-Si 光阳极在稳定性测试过程中出现的饱和光电流稳定但光电流起始电位增大所导致的 PEC 活性衰减问题，引入了具有高内在催化活性、超长自修复稳定性、与光吸收体兼容的合成路线、高光透过率，以及独特薄膜厚度自限性的 NiCoFe-B$_i$ 助催化剂与光阳极进行耦合。这一策略不仅实现了长达 100 h 的 PEC 活性稳定，还将光电极的 HC-STH 效率从 1.54% 提升至约 2.00%。通过深入分析发现，NiO/n-Si 光阳极 PEC 活性和稳定性的提升主要归因于 NiCoFe-B$_i$ 助催化剂的自修复机制。为了阐明这一机制，通过简单的 UV-Vis 设备直接探测了电解液中预沉积的 Fe^{II} 离子和高价态的 Fe^{VI} 活性中间物，并对提升 NiO/n-Si 光阳极稳定性和活性的自修复机制进行了解释和完善。具体而言，NiO/n-Si 光电极的稳定性提升依赖于 Co 对 Fe^{II} 离子的氧化沉积过程，而其活性提升则依赖于高价态 Fe^{VI} 物种的产生。

最后，为了实现 PEC 活性和稳定性的进一步提升，通过引入 Cu$_x$O 中间层对 NiO/n-Si 异质结的界面能量进行了优化。利用先进的 HAXPES 技术对插入 NiO/n-Si 掩埋界面中的 Cu$_x$O 界面层进行了直接探测，发现异质结光电极在长期空气暴露后 Cu$_x$O 中间层发生了从 Cu$_2$O 到 CuO 的原位转变。这一转变导致 NiCoFe-B$_i$/NiO/Cu$_x$O/n-Si 光阳极的 PEC 活性呈现出逐渐提升的趋势。这是由于 Cu$_x$O 中间层的引入和原位转化在 NiO/n-Si 异质结中产生了更高的能带弯曲势垒，从而在光照条件下显著提升了光电压。基于这一发现，进一步开发了一种反应电子束蒸发沉积技术用于直接沉积 CuO 中间层，并成功制备了 NiCoFe-B$_i$/NiO/CuO/n-Si 光阳极。该光阳极的 HC-STH 效率达到了创纪录的 4.56%，并保持了长达 100 h 的效率稳定。

6.2 主要创新点

（1）通过电子束蒸发技术沉积的 NiO 薄膜，不仅具备与传统反应溅射法制备的NiO薄膜相同的对n-Si光吸收层的保护作用，而且其排列规则的晶格条纹还为光生空穴的高效传输提供了有利条件。因此，相比传统反应溅射法制备的NiO/n-Si光阳极，该方法制备的光阳极展现出了更优越的PEC性能。

（2）NiCoFe-B$_i$助催化剂薄膜因高催化活性、自修复稳定性、兼容合成路线、高透光率及薄膜厚度自限性，成为与光阳极耦合的理想助催化剂。它不仅提升了NiO/n-Si光阳极的效率，还解决了n-Si光阳极在稳定性测试中常见的PEC活性衰减问题。在探究NiCoFe-B$_i$助催化剂如何提升NiO/n-Si光阳极的自修复机制过程中，首次在工作条件下的水溶液中直接检测到了高价态Fe^{VI}物种。这一发现为确认Fe是NiFe基催化剂的活性中心提供了确凿证据。

（3）成功地利用HAXPES技术实现了对掩埋异质结变化的直接探测，从而阐明了掩埋界面在诱导PEC水分解中光生载流子提取方面的重要作用。通过Cu$_x$O中间层的引入和原位转变，优化了n-Si光吸收层与NiO空穴提取层之间的界面能量。最终，使n-Si光阳极的HC-STH效率达到了当前最高值4.56%，并且维持了长达100 h的PEC活性稳定。

6.3 研究展望

本书通过调控n-Si光阳极的表面与界面结构，成功构建了高性能的NiCoFe-B$_i$/NiO/CuO/n-Si光阳极，展现了具有高能带弯曲势垒的异质结特性。实验数据表明，该光阳极能产生超过620 mV的光电压，并实现了目前报道的最高n-Si光阳极HC-STH效率，高达4.56%，同时在超过100 h的稳定性测试中保持持续活性。这一卓越成果主要得益于NiO空穴提取层的高效电荷传输通道设计、NiCoFe-B$_i$助催化剂独特的自修复能力，以及CuO中间层在优化异质结能量方面的关键作用。这些创新点共同为 n-Si 光阳极在 PEC 水氧化反应中的高效稳定表现提供了有力支撑。

基于当前的研究成果，有望在未来进一步挖掘 n-Si 光阳极的潜力，并将这些调控策略应用于更广泛的 PEC 水分解器件及其他太阳能转换装置的研发中，具体包括以下内容。

（1）尽管 NiO/CuO/n-Si 光阳极异质结已经展现了高达 620 mV 的光电压，但受 NiCoFe-B$_i$ 助催化剂催化活性的限制，NiCoFe-B$_i$/NiO/CuO/n-Si 光阳极的 PEC 活性提升程度有限。在电化学测试中，NiCoFe-B$_i$ 催化剂的 OER 过电位仍未有效突破至 300 mV 以下，与当前最佳的 OER 催化剂 200 mV 的过电位相比，仍有显著的提升空间。因此，在今后的研究中需要基于 NiCoFe-B$_i$ 催化剂的自修复机制，通过对高活性位点的结构调控[198, 199]，以进一步提升助催化剂的活性及耦合光电极的性能。

（2）工作条件下提供的偏压大小以及电解质中添加剂的种类和浓度对 PEC 水分解的自修复能力具有决定性影响[121]。因此，研究不同工作条件下电解质中的添加剂将成为今后探究 PEC 水分解中不同光电极自修复能力的关键方向之一。同时，可以将自修复机制推广应用于更多类型的 PEC 水分解器件及其他太阳能转换装置的研发过程中。

（3）利用更多先进的无损-原位分析探测技术（包括 HAXPES）对于揭示工作条件下（光）电极/电解质界面状态的变化至关重要[200, 201]。这将有助于对当前和未来催化系统的催化机制和损伤过程有更深入的了解。通过有针对性地提升活性因子和修复损伤位点，最终有望实现人工光合作用的高效率和超长期稳定性。

参考文献

[1] International Enery Agency. World energy outlook 2023[R]. Paris: IEA, 2023.

[2] MECHLER R, SINGH C, EBI K, et al. Loss and damage and limits to adaptation: recent IPCC insights and implications for climate science and policy[J]. Sustainability Science, 2020, 15: 1245-1251.

[3] THIRUGNANASAMBANDAM M, INIYAN S, GOIC R. A review of solar thermal technologies[J]. Renewable Sustainable Energy Reviews, 2010, 14(1): 312-322.

[4] LARKUM A. Limitations and prospects of natural photosynthesis for bioenergy production[J]. Current Opinion in Biotechnology, 2010, 21(3): 271-276.

[5] DOGUTAN D K, NOCERA D G. Artificial photosynthesis at efficiencies greatly exceeding that of natural photosynthesis[J]. Accounts of Chemical Research, 2019, 52(11): 3143-3148.

[6] ZHANG J Z, REISNER E. Advancing photosystem II photoelectrochemistry for semi-artificial photosynthesis[J]. Nature Reviews Chemistry, 2020, 4(1): 6-21.

[7] MILLER T E, BENEYTON T, SCHWANDER T, et al. Light-powered CO_2 fixation in a chloroplast mimic with natural and synthetic parts[J]. Science, 2020, 368(6491): 649-654.

[8] WHANG D R, APAYDIN D H. Artificial photosynthesis: learning from nature[J]. ChemPhotoChem, 2018, 2(3): 148-160.

[9] ZHANG B, SUN L. Artificial photosynthesis: opportunities and challenges of molecular catalysts[J]. Chemical Society Reviews, 2019, 48(7): 2216-2264.

[10] YU Z Y, DUAN Y, FENG X Y, et al. Clean and affordable hydrogen fuel from alkaline water splitting: past, recent progress, and future prospects[J]. Advanced Materials, 2021, 33(31): 2007100.

[11] International Renewable Energy Agency. World energy transitions outlook(2023)[R]. Abu Dhabi: IRENA, 2023.

[12] FUjISHIMA A, HONDA K. Electrochemical photolysis of water at a semiconductor electrode[J]. Nature, 1972, 238(5358): 37-38.

[13] ROSSER T E, REISNER E. Understanding immobilized molecular catalysts for fuel-forming reactions through UV/vis spectroelectrochemistry[J]. ACS Catalysis, 2017, 7(5): 3131-3141.

[14] LI R. Latest progress in hydrogen production from solar water splitting via photocatalysis, photoelectrochemical, and photovoltaic-photoelectrochemical solutions[J]. Chinese Journal of Catalysis, 2017, 38(1): 5-12.

[15] KIM S, NGUYEN N T, BARK C W. Ferroelectric materials: a novel pathway for efficient solar water splitting[J]. Applied Sciences, 2018, 8(9): 1526.

[16] YANG W, PRABHAKAR R R, TAN J, et al. Strategies for enhancing the photocurrent, photovoltage, and stability of photoelectrodes for photoelectrochemical water splitting[J]. Chemical Society Reviews, 2019, 48(19): 4979-5015.

[17] CHEN X, SHEN S, GUO L, et al. Semiconductor-based photocatalytic hydrogen generation[J]. Chemical Reviews, 2010, 110(11): 6503-6570.

[18] CHEN S, TAKATA T, DOMEN K. Particulate photocatalysts for overall water splitting[J]. Nature Reviews Materials, 2017, 2(10): 17050.

[19] WANG Q, DOMEN K. Particulate photocatalysts for light-driven water splitting: mechanisms, challenges, and design strategies[J]. Chemical Reviews, 2019, 120(2): 919-985.

[20] PINAUD B A, BENCK J D, SEITZ L C, et al. Technical and economic feasibility of centralized facilities for solar hydrogen production via photocatalysis and photoelectrochemistry[J]. Energy Environmental Science, 2013, 6(7): 1983-2002.

[21] WU H, TAN H L, TOE C Y, et al. Photocatalytic and photoelectrochemical systems: similarities and differences[J]. Advanced Materials, 2020, 32(18): 1904717.

[22] ALFAIFI B Y, ULLAH H, ALFAIFI S, et al. Photoelectrochemical solar water splitting: from basic principles to advanced devices[J]. Veruscript Functional Nanomaterials, 2018, 2(12): BDJOC3.

[23] HISATOMI T, KUBOTA J, DOMEN K. Recent advances in semiconductors for photocatalytic and photoelectrochemical water splitting[J]. Chemical Society Reviews, 2014, 43(22): 7520-7535.

[24] PARK K, KIM Y J, YOON T, et al. A methodological review on material growth and synthesis of solar-driven water splitting photoelectrochemical cells[J]. RSC Advances, 2019, 9(52): 30112-30124.

[25] CHENG C, ZHANG W, CHEN X, et al. Strategies for improving photoelectrochemical water splitting performance of Si-based electrodes[J]. Energy Science Engineering, 2022, 10(4): 1526-1543.

[26] LI D, PARK E J, ZHU W, et al. Highly quaternized polystyrene ionomers for high performance anion exchange membrane water electrolysers[J]. Nature Energy, 2020, 5(5): 378-385.

[27] JACOBSSON T J, FjäLLSTRöM V, EDOFF M, et al. Sustainable solar hydrogen production: from photoelectrochemical cells to PV-electrolyzers and back again[J]. Energy Environmental Science, 2014, 7(7): 2056-2070.

[28] BONKE S A, WIECHEN M, MACFARLANE D R, et al. Renewable fuels from concentrated solar power: towards practical artificial photosynthesis[J]. Energy Environmental Science, 2015, 8(9): 2791-2796.

[29] TURAN B, BECKER J-P, URBAIN F, et al. Upscaling of integrated photoelectrochemical water-splitting devices to large areas[J]. Nature Communications, 2016, 7(1): 12681.

[30] PARK J, LEE J, LEE H, et al. Hybrid perovskite-based wireless integrated device exceeding a solar to hydrogen conversion efficiency of 11%[J]. Small, 2023, 19(27): 2300174.

[31] KHASELEV O, TURNER J A. A monolithic photovoltaic-photoelectrochemical

device for hydrogen production via water splitting[J]. Science, 1998, 280(5362): 425-427.

[32] KIM J H, HANSORA D, SHARMA P, et al. Toward practical solar hydrogen production-an artificial photosynthetic leaf-to-farm challenge[J]. Chemical Society Reviews, 2019, 48(7): 1908-1971.

[33] ARDO S, RIVAS D F, MODESTINO M A, et al. Pathways to electrochemical solar-hydrogen technologies[J]. Energy Environmental Science, 2018, 11(10): 2768-2783.

[34] WALTER M G, WARREN E L, MCKONE J R, et al. Solar water splitting cells[J]. Chemical Reviews, 2010, 110(11): 6446-6473.

[35] GUEYMARD C A. The sun's total and spectral irradiance for solar energy applications and solar radiation models[J]. Solar Energy, 2004, 76(4): 423-453.

[36] LIU C, DASGUPTA N P, YANG P. Semiconductor nanowires for artificial photosynthesis[J]. Chemistry of Materials, 2014, 26(1): 415-422.

[37] MARSCHALL R. Semiconductor composites: strategies for enhancing charge carrier separation to improve photocatalytic activity[J]. Advanced Functional Materials, 2014, 24(17): 2421-2440.

[38] LI J, WU N. Semiconductor-based photocatalysts and photoelectrochemical cells for solar fuel generation: a review[J]. Catalysis Science Technology, 2015, 5(3): 1360-1384.

[39] JIANG C, MONIZ S J A, WANG A, et al. Photoelectrochemical devices for solar water splitting-materials and challenges[J]. Chemical Society Reviews, 2017, 46(15): 4645-4660.

[40] DING C, SHI J, WANG Z, et al. Photoelectrocatalytic water splitting: significance of cocatalysts, electrolyte, and interfaces[J]. ACS Catalysis, 2017, 7(1): 675-688.

[41] YANG X, DU C, LIU R, et al. Balancing photovoltage generation and charge-transfer enhancement for catalyst-decorated photoelectrochemical water

splitting: a case study of the hematite/MnO$_x$ combination[J]. Journal of Catalysis, 2013, 304: 86-91.

[42] CORBY S, RAO R R, STEIER L, et al. The kinetics of metal oxide photoanodes from charge generation to catalysis[J]. Nature Reviews Materials, 2021, 6(12): 1136-1155.

[43] DAU H, LIMBERG C, REIER T, et al. The mechanism of water oxidation: from electrolysis via homogeneous to biological catalysis[J]. ChemCatChem, 2010, 2(7): 724-761.

[44] MAN I C, SU H Y, CALLE - VALLEjO F, et al. Universality in oxygen evolution electrocatalysis on oxide surfaces[J]. ChemCatChem, 2011, 3(7): 1159-1165.

[45] DIAZ-MORALES O, LEDEZMA-YANEZ I, KOPER M T, et al. Guidelines for the rational design of Ni-based double hydroxide electrocatalysts for the oxygen evolution reaction[J]. ACS Catalysis, 2015, 5(9): 5380-5387.

[46] HU S, LEWIS N S, AGER J W, et al. Thin-film materials for the protection of semiconducting photoelectrodes in solar-fuel generators[J]. The Journal of Physical Chemistry C, 2015, 119(43): 24201-24228.

[47] NANDjOU F, HAUSSENER S. Degradation in photoelectrochemical devices: review with an illustrative case study[J]. Journal of Physics D: Applied Physics, 2017, 50(12): 124002.

[48] JIN J, WALCZAK K, SINGH M R, et al. An experimental and modeling/simulation-based evaluation of the efficiency and operational performance characteristics of an integrated, membrane-free, neutral pH solar-driven water-splitting system[J]. Energy Environmental Science, 2014, 7(10): 3371-3380.

[49] SINGH M R, PAPADANTONAKIS K, XIANG C, et al. An electrochemical engineering assessment of the operational conditions and constraints for solar-driven water-splitting systems at near-neutral pH[J]. Energy Environmental Science, 2015, 8(9): 2760-2767.

[50] CHEN S, WANG L-W. Thermodynamic oxidation and reduction potentials of photocatalytic semiconductors in aqueous solution[J]. Chemistry of Materials, 2012, 24(18): 3659-3666.

[51] BAE D, SEGER B, VESBORG P C K, et al. Strategies for stable water splitting via protected photoelectrodes[J]. Chemical Society Reviews, 2017, 46(7): 1933-1954.

[52] NANDJOU F, HAUSSENER S. Kinetic competition between water-splitting and photocorrosion reactions in photoelectrochemical devices[J]. ChemSusChem, 2019, 12(9): 1984-1994.

[53] NANDJOU F, HAUSSENER S. Modeling the photostability of solar water-splitting devices and stabilization strategies[J]. ACS Applied Materials Interfaces, 2022, 14(38): 43095-43108.

[54] LI D, SHI J, LI C. Transition-metal-based electrocatalysts as cocatalysts for photoelectrochemical water splitting: a mini review[J]. Small, 2018, 14(23): 1704179.

[55] ZHAI W, MA Y, CHEN D, et al. Recent progress on the long-term stability of hydrogen evolution reaction electrocatalysts[J]. InfoMat, 2022, 4(9): e12357.

[56] FENG C, FAHEEM M B, FU J, et al. Fe-based electrocatalysts for oxygen evolution reaction: progress and perspectives[J]. ACS Catalysis, 2020, 10(7): 4019-4047.

[57] LEE S A, CHOI S, KIM C, et al. Si-based water oxidation photoanodes conjugated with earth-abundant transition metal-based catalysts[J]. ACS Materials Letters, 2019, 2(1): 107-126.

[58] FENG C, SHE X, XIAO Y, et al. Direct detection of Fe^{VI} water oxidation intermediates in an aqueous solution[J]. Angewandte Chemie International Edition, 2023, 135(9): e202218738.

[59] TROTOCHAUD L, MILLS T J, BOETTCHER S W. An optocatalytic model for semiconductor-catalyst water-splitting photoelectrodes based on in situ optical measurements on operational catalysts[J]. The Journal of Physical Chemistry Letters,

2013, 4(6): 931-935.

[60] SMITH W A, SHARP I D, STRANDWITZ N C, et al. Interfacial band-edge energetics for solar fuels production[J]. Energy Environmental Science, 2015, 8(10): 2851-2862.

[61] LI Y, XIAO Y, WU C, et al. Strategies to construct n-type Si-based heterojunctions for photoelectrochemical water oxidation[J]. ACS Materials Letters, 2022, 4(5): 779-804.

[62] SUN K, RITZERT N L, JOHN J, et al. Performance and failure modes of Si anodes patterned with thin-film Ni catalyst islands for water oxidation[J]. Sustainable Energy Fuels, 2018, 2(5): 983-998.

[63] LI D, BATCHELOR-MCAULEY C, Compton R G. Some thoughts about reporting the electrocatalytic performance of nanomaterials[J]. Applied Materials Today, 2020, 18: 100404.

[64] MORENO-HERNANDEZ I A, Brunschwig B S, Lewis N S. Tin oxide as a protective heterojunction with silicon for efficient photoelectrochemical water oxidation in strongly acidic or alkaline electrolytes[J]. Advanced Energy Materials, 2018, 8(24): 1801155.

[65] LUO Z, WANG T, GONG J. Single-crystal silicon-based electrodes for unbiased solar water splitting: current status and prospects[J]. Chemical Society Reviews, 2019, 48(7): 2158-2181.

[66] VANKA S, SUN K, ZENG G, et al. Long-term stability studies of a semiconductor photoelectrode in three-electrode configuration[J]. Journal of Materials Chemistry A, 2019, 7(48): 27612-27619.

[67] GU J, YAN Y, YOUNG J L, et al. Water reduction by a p-GaInP$_2$ photoelectrode stabilized by an amorphous TiO$_2$ coating and a molecular cobalt catalyst[J]. Nature Materials, 2016, 15(4): 456-460.

[68] KANG D, YOUNG J L, LIM H, et al. Printed assemblies of GaAs photoelectrodes with decoupled optical and reactive interfaces for unassisted solar water split-

ting[J]. Nature Energy, 2017, 2(5): 17043.

[69] LIM H, YOUNG J L, GEISZ J F, et al. High performance III-V photoelectrodes for solar water splitting via synergistically tailored structure and stoichiometry[J]. Nature Communications, 2019, 10(1): 3388.

[70] YANG Y, NIU S, HAN D, et al. Progress in developing metal oxide nanomaterials for photoelectrochemical water splitting[J]. Advanced Energy Materials, 2017, 7(19): 1700555.

[71] YE K-H, LI H, HUANG D, et al. Enhancing photoelectrochemical water splitting by combining work function tuning and heterojunction engineering[J]. Nature Communications, 2019, 10(1): 3687.

[72] LI C, HE J, XIAO Y, et al. Earth-abundant Cu-based metal oxide photocathodes for photoelectrochemical water splitting[J]. Energy Environmental Science, 2020, 13(10): 3269-3306.

[73] MORIYA Y, TAKATA T, DOMEN K. Recent progress in the development of (oxy)nitride photocatalysts for water splitting under visible-light irradiation[J]. Coordination Chemistry Reviews, 2013, 257(13-14): 1957-1969.

[74] LIU G, YE S, YAN P, et al. Enabling an integrated tantalum nitride photoanode to approach the theoretical photocurrent limit for solar water splitting[J]. Energy Environmental Science, 2016, 9(4): 1327-1334.

[75] XIAO Y, FENG C, FU J, et al. Band structure engineering and defect control of Ta_3N_5 for efficient photoelectrochemical water oxidation[J]. Nature Catalysis, 2020, 3(11): 932-940.

[76] KOBAYASHI H, SATO N, ORITA M, et al. Development of highly efficient $CuIn_{0.5}Ga_{0.5}Se_2$-based photocathode and application to overall solar driven water splitting[J]. Energy Environmental Science, 2018, 11(10): 3003-3009.

[77] CHANDRASEKARAN S, YAO L, DENG L, et al. Recent advances in metal sulfides: from controlled fabrication to electrocatalytic, photocatalytic and photoelectrochemical water splitting and beyond[J]. Chemical Society Reviews, 2019, 48

(15): 4178-4280.

[78] HUANG D, WANG K, LI L, et al. 3.17% efficient Cu_2ZnSnS_4-$BiVO_4$ integrated tandem cell for standalone overall solar water splitting[J]. Energy Environmental Science, 2021, 14(3): 1480-1489.

[79] KUANG Y, JIA Q, MA G, et al. Ultrastable low-bias water splitting photoanodes via photocorrosion inhibition and in situ catalyst regeneration[J]. Nature Energy, 2016, 2(1): 16191.

[80] PARACCHINO A, LAPORTE V, SIVULA K, et al. Highly active oxide photocathode for photoelectrochemical water reduction[J]. Nature Materials, 2011, 10(6): 456-461.

[81] SU J, WEI Y, VAYSSIERES L. Stability and performance of sulfide-, nitride-, and phosphide-based electrodes for photocatalytic solar water splitting[J]. The Journal of Physical Chemistry Letters, 2017, 8(20): 5228-5238.

[82] MORENO M, AMBROSIO R, TORRES A, et al. Amorphous, polymorphous and microcrystalline silicon thin films deposited by plasma at low temperatures[M]. Vienna: IntechOpen, 2016.

[83] ROS C, ANDREU T, MORANTE J R. Photoelectrochemical water splitting: a road from stable metal oxides to protected thin film solar cells[J]. Journal of Materials Chemistry A, 2020, 8(21): 10625-10669.

[84] POLMAN A, KNIGHT M, GARNETT E C, et al. Photovoltaic materials: present efficiencies and future challenges[J]. Science, 2016, 352(6283): aad4424.

[85] ZHENG J, ZHOU H, ZOU Y, et al. Efficiency and stability of narrow-gap semiconductor-based photoelectrodes[J]. Energy Environmental Science, 2019, 12(8): 2345-2374.

[86] GREEN M A. Effects of pinholes, oxide traps, and surface states on MIS solar cells[J]. Applied Physics Letters, 1978, 33(2): 178-180.

[87] GREEN M, BLAKERS A. Advantages of metal-insulator-semiconductor structures for silicon solar cells[J]. Solar Cells, 1983, 8(1): 3-16.

[88] GODFREY R, GREEN M. 655 mV open - circuit voltage, 17.6% efficient silicon MIS solar cells[J]. Applied Physics Letters, 1979, 34(11): 790-793.

[89] CHEN Y W, PRANGE J D, Dühnen S, et al. Atomic layer-deposited tunnel oxide stabilizes silicon photoanodes for water oxidation[J]. Nature Materials, 2011, 10(7): 539-544.

[90] SCHEUERMANN A G, PRANGE J D, GUNjI M, et al. Effects of catalyst material and atomic layer deposited TiO_2 oxide thickness on the water oxidation performance of metal-insulator-silicon anodes[J]. Energy Environmental Science, 2013, 6(8): 2487-2496.

[91] SCHEUERMANN A G, KEMP K W, TANG K, et al. Conductance and capacitance of bilayer protective oxides for silicon water splitting anodes[J]. Energy Environmental Science, 2016, 9(2): 504-516.

[92] CAI Q, HONG W, JIAN C, et al. Insulator layer engineering toward stable Si photoanode for efficient water oxidation[J]. ACS Catalysis, 2018, 8(10): 9238-9244.

[93] QUINN J, HEMMERLING J, LINIC S. Maximizing solar water splitting performance by nanoscopic control of the charge carrier fluxes across semiconductor-electrocatalyst junctions[J]. ACS Catalysis, 2018, 8(9): 8545-8552.

[94] HEMMERLING J, QUINN J, LINIC S. Quantifying losses and assessing the photovoltage limits in metal-insulator-semiconductor water splitting systems[J]. Advanced Energy Materials, 2020, 10(12): 1903354.

[95] DIGDAYA I A, ADHYAKSA G W P, TRZEśNIEWSKI B J, et al. Interfacial engineering of metal-insulator-semiconductor junctions for efficient and stable photoelectrochemical water oxidation[J]. Nature Communications, 2017, 8(1): 15968.

[96] DIGDAYA I A, TRZEśNIEWSKI B J, ADHYAKSA G W, et al. General considerations for improving photovoltage in metal-insulator-semiconductor photoanodes [J]. The Journal of Physical Chemistry C, 2018, 122(10): 5462-5471.

[97] SCHEUERMANN A G, LAWRENCE J P, KEMP K W, et al. Design principles for maximizing photovoltage in metal-oxide-protected water-splitting photoanodes

[J]. Nature Materials, 2016, 15(1): 99-105.

[98] SCHEUERMANN A G, LAWRENCE J P, MENG A C, et al. Titanium oxide crystallization and interface defect passivation for high performance insulator-protected schottky junction MIS photoanodes[J]. ACS Applied Materials Interfaces, 2016, 8(23): 14596-14603.

[99] KENNEY M J, GONG M, LI Y, et al. High-performance silicon photoanodes passivated with ultrathin nickel films for water oxidation[J]. Science, 2013, 342(6160): 836-840.

[100] YU X, YANG P, CHEN S, et al. NiFe alloy protected silicon photoanode for efficient water splitting[J]. Advanced Energy Materials, 2017, 7(6): 1601805.

[101] LIU B, FENG S, YANG L, et al. Bifacial passivation of n-silicon metal-insulator-semiconductor photoelectrodes for efficient oxygen and hydrogen evolution reactions[J]. Energy Environmental Science, 2020, 13(1): 221-228.

[102] CHEN L, YANG J, KLAUS S, et al. P-type transparent conducting oxide/n-type semiconductor heterojunctions for efficient and stable solar water oxidation[J]. Journal of the American Chemical Society, 2015, 137(30): 9595-9603.

[103] ZHOU X, LIU R, SUN K, et al. Interface engineering of the photoelectrochemical performance of Ni-oxide-coated n-Si photoanodes by atomic-layer deposition of ultrathin films of cobalt oxide[J]. Energy Environmental Science, 2015, 8(9): 2644-2649.

[104] SUN K, MCDOWELL M T, NIELANDER A C, et al. Stable solar-driven water oxidation to O_2 (g) by Ni-oxide-coated silicon photoanodes[J]. The Journal of Physical Chemistry Letters, 2015, 6(4): 592-598.

[105] ZHOU X, LIU R, SUN K, et al. 570 mV photovoltage, stabilized n-Si/CoO_x heterojunction photoanodes fabricated using atomic layer deposition[J]. Energy Environmental Science, 2016, 9(3): 892-897.

[106] LIU R, ZHENG Z, SPURGEON J, et al. Enhanced photoelectrochemical water-splitting performance of semiconductors by surface passivation layers[J]. Ener-

gy Environmental Science, 2014, 7(8): 2504-2517.

[107] ZWAAG S. Self healing materials: an alternative approach to 20 centuries of materials science [M]. Dordrecht: Springer Science+Business Media BV Dordrecht, 2008.

[108] HAGER M D, GREIL P, LEYENS C, et al. Self-healing materials[J]. Advanced Materials, 2010, 22(47): 5424-5430.

[109] HUYNH T P, SONAR P, HAICK H. Advanced materials for use in soft self-healing devices[J]. Advanced Materials, 2017, 29(19): 1604973.

[110] MAI W, YU Q, HAN C, et al. Self-healing materials for energy-storage devices [J]. Advanced Functional Materials, 2020, 30(24): 1909912.

[111] WANG S, URBAN M W. Self-healing polymers[J]. Nature Reviews Materials, 2020, 5(8): 562-583.

[112] LI B, CAO P-F, SAITO T, et al. Intrinsically self-healing polymers: from mechanistic insight to current challenges[J]. Chemical Reviews, 2022, 123(2): 701-735.

[113] NOCERA D G. The artificial leaf[J]. Accounts of Chemical Research, 2012, 45(5): 767-776.

[114] NAjAFPOUR M M, FEKETE M, SEDIGH D J, et al. Damage management in water-oxidizing catalysts: from photosystem II to nanosized metal oxides[J]. ACS Catalysis, 2015, 5(3): 1499-1512.

[115] FU H J, MORENO-HERNANDEZ I A, BUABTHONG P, et al. Enhanced stability of silicon for photoelectrochemical water oxidation through self-healing enabled by an alkaline protective electrolyte[J]. Energy Environmental Science, 2020, 13(11): 4132-4141.

[116] FU H J, BUABTHONG P, IFKOVITS Z P, et al. Catalytic open-circuit passivation by thin metal oxide films of p-Si anodes in aqueous alkaline electrolytes[J]. Energy Environmental Science, 2022, 15(1): 334-345.

[117] KANAN M W, NOCERA D G. In situ formation of an oxygen-evolving catalyst

in neutral water containing phosphate and Co^{2+}[J]. Science, 2008, 321(5892): 1072-1075.

[118] LUTTERMAN D A, SURENDRANATH Y, NOCERA D G. A self-healing oxygen-evolving catalyst[J]. Journal of the American Chemical Society, 2009, 131(11): 3838-3839.

[119] COSTENTIN C, NOCERA D G. Self-healing catalysis in water[J]. Proceedings of the National Academy of Sciences, 2017, 114(51): 13380-13384.

[120] THORARINSDOTTIR A E, VERONEAU S S, Nocera D G. Self-healing oxygen evolution catalysts[J]. Nature Communications, 2022, 13(1): 1243.

[121] FENG C, WANG F, LIU Z, et al. A self-healing catalyst for electrocatalytic and photoelectrochemical oxygen evolution in highly alkaline conditions[J]. Nature Communications, 2021, 12(1): 5980.

[122] GAO R T, HE D, WU L, et al. Towards long-term photostability of nickel hydroxide/$BiVO_4$ photoanodes for oxygen evolution catalysts via in situ catalyst tuning[J]. Angewandte Chemie International Edition, 2020, 59(15): 6213-6218.

[123] GAO R-T, NGUYEN N T, NAKAjIMA T, et al. Dynamic semiconductor-electrolyte interface for sustainable solar water splitting over 600 hours under neutral conditions[J]. Science Advances, 2023, 9(1): eade4589.

[124] KOHL P A, FRANK S N, BARD A J. Semiconductor electrodes: XI. Behavior of n-and p-type single crystal semconductors covered with thin films[J]. Journal of the Electrochemical Society, 1977, 124(2): 225.

[125] GREINER M T, HELANDER M G, TANG W-M, et al. Universal energy-level alignment of molecules on metal oxides[J]. Nature Materials, 2012, 11(1): 76-81.

[126] FORTUNATO E, BARQUINHA P, MARTINS R. Oxide semiconductor thin-film transistors: a review of recent advances[J]. Advanced Materials, 2012, 24(22): 2945-2986.

[127] PECK M A, LANGELL M A. Comparison of nanoscaled and bulk NiO structural

and environmental characteristics by XRD, XAFS, and XPS[J]. Chemistry of Materials, 2012, 24(23): 4483-4490.

[128] ROBERTS M W, SMART R S C. Evidence from photoelectron spectroscopy for dissociative adsorption of oxygen on nickel oxide[J]. Surface Science, 1981, 108(2): 271-280.

[129] GONZALEZ-ELIPE A R, HOLGADO J P, Alvarez R, et al. Use of factor analysis and XPS to study defective nickel oxide[J]. The Journal of Physical Chemistry, 1992, 96(7): 3080-3086.

[130] BEDIAKO D K, SURENDRANATH Y, NOCERA D G. Mechanistic studies of the oxygen evolution reaction mediated by a nickel-borate thin film electrocatalyst [J]. Journal of the American Chemical Society, 2013, 135(9): 3662-3674.

[131] LI S, SHE G, CHEN C, et al. Enhancing the photovoltage of Ni/n-Si photoanode for water oxidation through a rapid thermal process[J]. ACS Applied Materials Interfaces, 2018, 10(10): 8594-8598.

[132] KIBSGAARD J, CHORKENDORFF I. Considerations for the scaling-up of water splitting catalysts[J]. Nature Energy, 2019, 4(6): 430-433.

[133] ANANTHARAj S, KUNDU S, NODA S. "The Fe effect": a review unveiling the critical roles of Fe in enhancing OER activity of Ni and Co based catalysts[J]. Nano Energy, 2021, 80: 105514.

[134] SUN H, XU X, SONG Y, et al. Designing high - valence metal sites for electrochemical water splitting[J]. Advanced Functional Materials, 2021, 31(16): 2009779.

[135] ZHANG J, WINKLER J R, GRAY H B, et al. Mechanism of nickel-iron water oxidation electrocatalysts[J]. Energy Fuels, 2021, 35(23): 19164-19169.

[136] RAY K, HEIMS F, SCHWALBE M, et al. High-valent metal-oxo intermediates in energy demanding processes: from dioxygen reduction to water splitting[J]. Current Opinion in Chemical Biology, 2015, 25: 159-171.

[137] GORLIN M, CHERNEV P, FERREIRA DE ARAÚjO J, et al. Oxygen evolution

reaction dynamics, faradaic charge efficiency, and the active metal redox states of Ni-Fe oxide water splitting electrocatalysts[J]. Journal of the American Chemical Society, 2016, 138(17): 5603-5614.

[138] GOLDSMITH Z K, HARSHAN A K, GERKEN J B, et al. Characterization of NiFe oxyhydroxide electrocatalysts by integrated electronic structure calculations and spectroelectrochemistry[J]. Proceedings of the National Academy of Sciences, 2017, 114(12): 3050-3055.

[139] HUNTER B M, WINKLER J R, GRAY H B. Iron is the active site in nickel/iron water oxidation electrocatalysts[J]. Molecules, 2018, 23(4): 903.

[140] BEVERSKOG B, PUIGDOMENECH I. Revised pourbaix diagrams for nickel at 25-300 ℃[J]. Corrosion Science, 1997, 39(5): 969-980.

[141] CHEN J Y, DANG L, LIANG H, et al. Operando analysis of NiFe and Fe oxyhydroxide electrocatalysts for water oxidation: detection of Fe^{4+} by Mossbauer spectroscopy[J]. Journal of the American Chemical Society, 2015, 137(48): 15090-15093.

[142] HUNTER B M, THOMPSON N B, MüLLER A M, et al. Trapping an iron (VI) water-splitting intermediate in nonaqueous media[J]. Joule, 2018, 2(4): 747-763.

[143] FANG Y-H, LIU Z-P. Tafel kinetics of electrocatalytic reactions: from experiment to first-principles[J]. ACS Catalysis, 2014, 4(12): 4364-4376.

[144] MALARA F, FABBRI F, MARELLI M, et al. Controlling the surface energetics and kinetics of hematite photoanodes through few atomic layers of NiO_x[J]. ACS Catalysis, 2016, 6(6): 3619-3628.

[145] ESSWEIN A J, SURENDRANATH Y, REECE S Y, et al. Highly active cobalt phosphate and borate based oxygen evolving catalysts operating in neutral and natural waters[J]. Energy Environmental Science, 2011, 4(2): 499-504.

[146] LIU Z, LI C, XIAO Y, et al. Tailored NiFe catalyst on silicon photoanode for efficient photoelectrochemical water oxidation[J]. The Journal of Physical Chemistry C, 2020, 124(5): 2844-2850.

[147] LI C, HUANG M, ZHONG Y, et al. Highly efficient NiFe nanoparticle decorated Si photoanode for photoelectrochemical water oxidation[J]. Chemistry of Materials, 2018, 31(1): 171-178.

[148] LUO Z, LIU B, LI H, et al. Multifunctional nickel film protected n-type silicon photoanode with high photovoltage for efficient and stable oxygen evolution reaction[J]. Small Methods, 2019, 3(10): 1900212.

[149] DONG Y, ABBASI M, MENG J, et al. Substantial lifetime enhancement for Si-based photoanodes enabled by amorphous TiO_2 coating with improved stoichiometry[J]. Nature Communications, 2023, 14(1): 1865.

[150] STUMM W, LEE G F. Oxygenation of ferrous iron[J]. Industrial Engineering Chemistry, 1961, 53(2): 143-146.

[151] BANDAL H, REDDY K K, CHAUGULE A, et al. Iron-based heterogeneous catalysts for oxygen evolution reaction: change in perspective from activity promoter to active catalyst[J]. Journal of Power Sources, 2018, 395: 106-127.

[152] SU L, DU H, TANG C, et al. Borate-ion intercalated NiFe layered double hydroxide to simultaneously boost mass transport and charge transfer for catalysis of water oxidation[J]. Journal of Colloid Interface Science, 2018, 528: 36-44.

[153] LEE G F, STUMM W. Determination of ferrous iron in the presence of ferric iron with bathophenanthroline[J]. Journal - American Water Works Association, 1960, 52(12): 1567-1574.

[154] CHUNG D Y, LOPES P P, FARINAZZO BERGAMO DIAS MARTINS P, et al. Dynamic stability of active sites in hydr(oxy)oxides for the oxygen evolution reaction[J]. Nature Energy, 2020, 5(3): 222-230.

[155] BINNINGER T, MOHAMED R, WALTAR K, et al. Thermodynamic explanation of the universal correlation between oxygen evolution activity and corrosion of oxide catalysts[J]. Scientific Reports, 2015, 5(1): 12167.

[156] GORLIN M, FERREIRA DE ARAúJO J, SCHMIES H, et al. Tracking catalyst redox states and reaction dynamics in Ni-Fe oxyhydroxide oxygen evolution reac-

tion electrocatalysts: the role of catalyst support and electrolyte pH[J]. Journal of the American Chemical Society, 2017, 139(5): 2070-2082.

[157] SPECK F D, DETTELBACH K E, SHERBO R S, et al. On the electrolytic stability of iron-nickel oxides[J]. Chem, 2017, 2(4): 590-597.

[158] XU D, STEVENS M B, COSBY M R, et al. Earth-abundant oxygen electrocatalysts for alkaline anion-exchange-membrane water electrolysis: effects of catalyst conductivity and comparison with performance in three-electrode cells[J]. ACS Catalysis, 2018, 9(1): 7-15.

[159] CHEUNG P C, WILLIAMS D R, BARRETT J, et al. On the origins of some spectroscopic properties of "purple iron" (the tetraoxoferrate (VI) Ion) and its pourbaix safe-space[J]. Molecules, 2021, 26(17): 5266.

[160] SHARMA V K. Oxidation of inorganic contaminants by ferrates (VI, V, and IV) -kinetics and mechanisms: a review[J]. Journal of Environmental Management, 2011, 92(4): 1051-1073.

[161] BEVERSKOG B, PUIGDOMENECH I. Revised pourbaix diagrams for iron at 25-300℃[J]. Corrosion Science, 1996, 38(12): 2121-2135.

[162] SARMA R, ANGELES-BOZA A M, BRINKLEY D W, et al. Studies of the di-iron (VI) intermediate in ferrate-dependent oxygen evolution from water[J]. Journal of the American Chemical Society, 2012, 134(37): 15371-15386.

[163] LEE Y, KISSNER R, VON GUNTEN U. Reaction of ferrate (VI) with ABTS and self-decay of ferrate (VI): kinetics and mechanisms[J]. Environmental Science Technology, 2014, 48(9): 5154-5162.

[164] LUO C, FENG M, SHARMA V K, et al. Revelation of ferrate (VI) unimolecular decay under alkaline conditions: Investigation of involvement of Fe (IV) and Fe (V) species[J]. Chemical Engineering Journal, 2020, 388: 124134.

[165] LICHT S, WANG B, GHOSH S. Energetic iron (VI) chemistry: the super-iron battery[J]. Science, 1999, 285(5430): 1039-1042.

[166] HAASCH R T. X-ray photoelectron spectroscopy (XPS) and auger electron spec-

troscopy (AES) [M].Berlin:Springer, 2014: 93-132.

[167] TOBIN J P, HIRSCHWALD W, CUNNINGHAM J. XPS and XAES studies of transient enhancement of Cu1 at CuO surfaces during vacuum outgassing[J]. Applications of Surface Science, 1983, 16(3-4): 441-452.

[168] PARMIGIANI F, PACCHIONI G, ILLAS F, et al. Studies of the CuO bond in cupric oxide by X-ray photoelectron spectroscopy and ab initio electronic structure models[J]. Journal of Electron Spectroscopy Related Phenomena, 1992, 59(3): 255-269.

[169] CHARMAN H B, DELL R M, TEALE S S. Chemisorption on metal oxides. Part 1. Nickel oxide[J]. Transactions of the Faraday Society, 1963, 59: 453-469.

[170] DELL R M, STONE F S. The adsorption of gases on nickel oxide[J]. Transactions of the Faraday Society, 1954, 50: 501-510.

[171] UFFELEN P V, SUZUKI M. Oxide fuel performance modeling and simulations [J]. Comperehensive Nuclear Materials, 2012, 3: 535-577.

[172] SARANYA A M, PLA D, MORATA A, et al. Engineering mixed ionic electronic conduction in $La_{0.8}Sr_{0.2}MnO_{3+\delta}$ nanostructures through fast grain boundary oxygen diffusivity[J]. Advanced Energy Materials, 2015, 5(11): 1500377.

[173] YAO T, CHEN R, LI J, et al. Manipulating the interfacial energetics of n-type silicon photoanode for efficient water oxidation[J]. Journal of the American Chemical Society, 2016, 138(41): 13664-13672.

[174] ZHANG P, WANG W, WANG H, et al. Tuning hole accumulation of metal oxides promotes the oxygen evolution rate[J]. ACS Catalysis, 2020, 10(18): 10427-10435.

[175] YANG J, COOPER J K, TOMA F M, et al. A multifunctional biphasic water splitting catalyst tailored for integration with high-performance semiconductor photoanodes[J]. Nature Materials, 2017, 16(3): 335-341.

[176] ZHONG M, HISATOMI T, KUANG Y, et al. Surface modification of CoO_x loaded $BiVO_4$ photoanodes with ultrathin p-type NiO layers for improved solar water

oxidation[J]. Journal of the American Chemical Society, 2015, 137(15): 5053-5060.

[177] YI S S, WULAN B R, YAN J M, et al. Highly efficient photoelectrochemical water splitting: surface modification of cobalt-phosphate-loaded Co_3O_4/Fe_2O_3 p-n heterojunction nanorod arrays[J]. Advanced Functional Materials, 2019, 29(11): 1801902.

[178] MONLLOR-SATOCA D, BäRTSCH M, FABREGA C, et al. What do you do, titanium? Insight into the role of titanium oxide as a water oxidation promoter in hematite-based photoanodes[J]. Energy Environmental Science, 2015, 8(11): 3242-3254.

[179] ZHANG H, LI D, BYUN W J, et al. Gradient tantalum-doped hematite homojunction photoanode improves both photocurrents and turn-on voltage for solar water splitting[J]. Nature Communications, 2020, 11(1): 4622.

[180] FU J, FAN Z, NAKABAYASHI M, et al. Interface engineering of Ta_3N_5 thin film photoanode for highly efficient photoelectrochemical water splitting[J]. Nature Communications, 2022, 13(1): 729.

[181] YANG J, WALCZAK K, ANZENBERG E, et al. Efficient and sustained photoelectrochemical water oxidation by cobalt oxide/silicon photoanodes with nanotextured interfaces[J]. Journal of the American Chemical Society, 2014, 136(17): 6191-6194.

[182] HU S, SHANER M R, BEARDSLEE J A, et al. Amorphous TiO_2 coatings stabilize Si, GaAs, and GaP photoanodes for efficient water oxidation[J]. Science, 2014, 344(6187): 1005-1009.

[183] HILL J C, LANDERS A T, SWITZER J A. An electrodeposited inhomogeneous metal-insulator-semiconductor junction for efficient photoelectrochemical water oxidation[J]. Nature Materials, 2015, 14(11): 1150-1155.

[184] SUN K, SAADI F H, LICHTERMAN M F, et al. Stable solar-driven oxidation of water by semiconducting photoanodes protected by transparent catalytic nickel

oxide films[J]. Proceedings of the National Academy of Sciences, 2015, 112 (12): 3612-3617.

[185] LOGET G, FABRE B, FRYARS S, et al. Dispersed Ni nanoparticles stabilize silicon photoanodes for efficient and inexpensive sunlight-assisted water oxidation[J]. ACS Energy Letters, 2017, 2(3): 569-573.

[186] OH S, SONG H, OH J. An optically and electrochemically decoupled monolithic photoelectrochemical cell for high-performance solar-driven water splitting[J]. Nano Letters, 2017, 17(9): 5416-5422.

[187] CAI Q, HONG W, JIAN C, et al. Impact of silicon resistivity on the performance of silicon photoanode for efficient water oxidation reaction[J]. ACS Catalysis, 2017, 7(5): 3277-3283.

[188] OH K, MéRIADEC C, LASSALLE-KAISER B, et al. Elucidating the performance and unexpected stability of partially coated water-splitting silicon photoanodes[J]. Energy Environmental Science, 2018, 11(9): 2590-2599.

[189] LEE S A, LEE T H, KIM C, et al. Tailored NiO_x/Ni cocatalysts on silicon for highly efficient water splitting photoanodes via pulsed electrodeposition[J]. ACS Catalysis, 2018, 8(8): 7261-7269.

[190] OH S, JUNG S, LEE Y H, et al. Hole-selective CoO_x/SiO_x/Si heterojunctions for photoelectrochemical water splitting[J]. ACS Catalysis, 2018, 8(10): 9755-9764.

[191] LOGET G, MéRIADEC C, DORCET V, et al. Tailoring the photoelectrochemistry of catalytic metal-insulator-semiconductor (MIS) photoanodes by a dissolution method[J]. Nature Communications, 2019, 10(1): 3522.

[192] HE L, ZHOU W, HONG L, et al. Cascading interfaces enable n-Si photoanodes for efficient and stable solar water oxidation[J]. The Journal of Physical Chemistry Letters, 2019, 10(9): 2278-2285.

[193] LEE S A, LEE T H, KIM C, et al. Amorphous cobalt oxide nanowalls as catalyst and protection layers on n-type silicon for efficient photoelectrochemical water oxidation[J]. ACS Catalysis, 2019, 10(1): 420-429.

[194] LEE S A, PARK I J, YANG J W, et al. Electrodeposited heterogeneous nickel-based catalysts on silicon for efficient sunlight-assisted water splitting[J]. Cell Reports Physical Science, 2020, 1(10): 100219.

[195] LEE S, JI L, DE PALMA A C, et al. Scalable, highly stable Si-based metal-insulator-semiconductor photoanodes for water oxidation fabricated using thin-film reactions and electrodeposition[J]. Nature Communications, 2021, 12(1): 3982.

[196] MA J, CHI H, WANG A, et al. Identifying and removing the interfacial states in metal-oxide-semiconductor schottky si photoanodes for the highest fill factor[J]. Journal of the American Chemical Society, 2022, 144(38): 17540-17548.

[197] JUN S E, KIM Y-H, KIM J, et al. Atomically dispersed iridium catalysts on silicon photoanode for efficient photoelectrochemical water splitting[J]. Nature Communications, 2023, 14(1): 609.

[198] WU Q, LIANG J, XIAO M, et al. Non-covalent ligand-oxide interaction promotes oxygen evolution[J]. Nature Communications, 2023, 14(1): 997.

[199] OU Y, TWIGHT L P, SAMANTA B, et al. Cooperative Fe sites on transition metal (oxy) hydroxides drive high oxygen evolution activity in base[J]. Nature Communications, 2023, 14(1): 7688.

[200] PISHGAR S, GULATI S, STRAIN J M, et al. In situ analytical techniques for the investigation of material stability and interface dynamics in electrocatalytic and photoelectrochemical applications[J]. Small Methods, 2021, 5(7): 2100322.

[201] LIANG H, YAN Z, ZENG G. Recent advances in in situ/operando surface/interface characterization techniques for the study of artificial photosynthesis[J]. Inorganics, 2022, 11(1): 16.